A CHEGADA DO NOVO CORONAVÍRUS NO BRASIL

FERNANDO REINACH

A chegada do novo coronavírus no Brasil

Companhia Das Letras

Grafia atualizada segundo o Acordo Ortográfico da Língua Portuguesa de 1990, que entrou em vigor no Brasil em 2009.

Capa
Ale Kalko

Imagens de capa
Addictive Creatives/ Stocksy

Revisão
Marise Leal
Renata Lopes Del Nero

Dados Internacionais de Catalogação na Publicação (CIP)
(Câmara Brasileira do Livro, SP, Brasil)

Reinach, Fernando
A chegada do novo coronavírus no Brasil / Fernando Reinach. — 1ª ed. — São Paulo : Companhia das Letras, 2020.

ISBN 978-85-359-3368-0

1. Coronavírus 2. Coronavírus (covid-19) - Aspectos imunológicos 3. Coronavírus (covid-19) - Epidemiologia 4. Epidemias - Brasil 5. Saúde pública I. Título.

20-38401 CDD-616.40981

Índice para catálogo sistemático:
1. Brasil : Coronavírus : covid-19 : Epidemias : Saúde pública 616.40981

Maria Alice Ferreira - Bibliotecária - CRB-8/7964

EDITORA SCHWARCZ S.A.
Rua Bandeira Paulista, 702, cj. 32
04532-002 — São Paulo — SP
Telefone: (11) 3707-3500
www.companhiadasletras.com.br
www.blogdacompanhia.com.br
facebook.com/companhiadasletras
instagram.com/companhiadasletras
twitter.com/cialetras

Para Samuel, Irene e Caetano,
que viveram comigo o isolamento

Sumário

Introdução

Não sabemos a data exata em que o novo coronavírus desembarcou no Brasil. O primeiro caso foi noticiado no dia 25 de fevereiro de 2020 e a primeira morte, no dia 17 de março. Ele chegou três meses depois de surgir na China, onde o primeiro registro de covid-19 é de 1º de dezembro de 2019.

Com sua chegada surgiu uma nova medida de tempo, um novo calendário. Em vez de três números, dia/ mês/ ano, o tempo passou a ser medido por dois números: casos/ mortes. Nessa maneira de medir, o tempo acelera seguindo as regras das progressões geométricas. Por esse motivo, junto ao título de cada crônica incluída aqui, indiquei a data de publicação e o número de casos e mortes no Brasil nesse dia.

Essa forma de medir o tempo vigorou em todos os países até que o número de novos casos e mortes atingisse o pico. Então o calendário gregoriano foi retomado e a vida da população começou a se reorganizar. Isso não aconteceu no Brasil. Enquanto a grande maioria dos países reduziu o distanciamento social após controlar o vírus, o Brasil não esperou esse estágio para iniciar a reabertura. Foi nesse dia que decretei o término da primeira batalha dos brasileiros com o SARS-COV-2. Vitória do vírus. Agora iniciamos a segunda batalha, em que poderemos observar o estrago que o coronavírus vai fazer tendo se libertado de parte das amarras que dificultavam sua difusão.

Todas as crônicas reunidas aqui foram publicadas no jornal *O Estado de S. Paulo* entre 0/ 0 e 498 440/ 28 834,* que no calendário gregoriano correspondem ao tempo decorrido entre os dias 8 de fevereiro de 2020 e 30 de maio de 2020. São 113 dias, melhor, 2712 horas. As 27 crônicas são relatos, comentários, previsões, manifestações de desespero, raiva e esperança, escritas na pressão, cem horas em cada crônica. No jornal elas foram reduzidas e editadas. Aqui optei por publicá-las em sua extensão original, geralmente mais longa, com novo trabalho de edição de texto.

Interpretações que depois se revelaram incorretas não foram alteradas. O ódio presente em algumas crônicas e o desespero com a carnificina estão aí para serem lidos. Previsões superestimadas ou subestimadas tampouco foram corrigidas. Este não é um livro de história, mas de impressões e sentimentos vividos durante o período de chegada do SARS-COV-2 ao Brasil.

O que não aparece nas crônicas é minha relação de íntima admiração pelos vírus. Meu primeiro contato com essas criaturas foi através de uma antiga cópia do livro *Microbe Hunters*, escrito por Paul de Kruif em 1926, que encontrei na estante de meu pai na adolescência. Cursando biologia fiquei fascinado com a simplicidade dos vírus e como conseguem se aproveitar da maquinaria celular para se reproduzir.

Meu doutoramento em Nova York coincidiu com o apareci-

* Todos os números de casos confirmados de covid-19 e de mortes em decorrência da doença informados ao longo do livro provêm dos dados oficiais do Ministério da Saúde do Brasil.

mento da aids no Village. Lembro com perfeição uma reunião clínica em que foram discutidos os primeiros casos dessa nova doença, muito antes da descoberta do HIV, o vírus que a causa. Na época uma pesquisadora usava nosso laboratório para isolar anticorpos do sangue dos primeiros pacientes, pois acreditava que a doença era causada por uma reação imune do corpo à presença de espermatozoides no reto de homossexuais altamente promíscuos. Quando, meses mais tarde, o vírus foi descoberto, comemoramos o fato de nenhum de nós ter se contaminado enquanto limpávamos sem o menor cuidado o sangue dos pacientes esparramado sobre os equipamentos. Foram anos até o aparecimento do coquetel de drogas que controla, mas não cura, a aids. Até hoje leio sobre a vacina que ainda não chegou.

Na Inglaterra, e depois na USP, utilizei vírus que atacam bactérias para clonar e sequenciar genes. Esses vírus provocam estragos impressionantes nas populações de bactéria. E assim minha vida acadêmica, que nunca foi dedicada a estudar vírus, sempre teve uma relação íntima com esses seres microscópicos.

Na última década passei a me interessar pelo papel dos vírus na história da humanidade: escrevi sobre a epidemia de H1N1, sobre SARS, MERS e zika. Alguns livros me marcaram e merecem ser lidos, como *Plagues and People* (1970), de William H. McNeill, *The Great Influenza* (2004), de John M. Barry, e, durante esta pandemia, tenho adormecido nas páginas de *The Rules of Contagion: Why Things Spread and Why They Stop* (2020), do epidemiologista Adam Kucharski.

Essa relação com os vírus me convenceu de que eles são os únicos seres vivos que podem levar a humanidade a abandonar sua arrogância destrutiva, exercida sem pudor sobre o resto dos habitantes deste planeta. Se no passado os homens eram contidos pelo medo dos leões que os devoravam nas estepes, mais tarde substituídos pelos fenômenos naturais, e por deuses vingativos, hoje a humanidade acredita ser dona e imperatriz do planeta: queima e mata sem culpa ou medo do futuro. Passei a acreditar que nada pode conter nossa expansão destrutiva e nos colocar no devido lugar a não ser um vírus. O que o H1N1 e o HIV não conseguiram, o SARS-COV-2 está conseguindo. Ele está nos mostrando que somos frágeis e pequenos, capazes de entrar em pânico ao ver nosso mundinho egoísta e injusto destruído no espaço de alguns meses por um ser vivo simples e eficiente cujo único desejo é reproduzir.

A primeira crônica desta coletânea foi escrita quando percebi que talvez tivesse surgido na China o grande punidor da humanidade; descrevi suas características como se elas fossem produto do desejo de um ser superior, com doses de uma crítica nada sutil aos criacionistas que haviam chegado ao poder no Brasil (0/ 0). Logo descobri que a ameaça era real e imediata e que se espalharia pelo mundo (2/ 0). Tentei avisar que o Brasil estava brincando com fogo ao não se preparar para sua chegada (52/ 0). E então o vírus caiu sobre nós.

Piracaia, 772 416/ 39 680, 11 de junho de 2020

O design inteligente do coronavírus

8 de fevereiro de 2020

O Brasil tinha 0 casos confirmados de covid-19.

A mente responsável pelo design inteligente que algumas pessoas acreditam determinar a evolução dos seres vivos tem uma visão pouco simpática dos humanos. São valentões, brutos e violentos que atormentam e abusam das outras formas de vida. Extinguem espécies, destroem o meio ambiente e ocuparam o planeta escravizando plantas e animais. Naquele dia ela decidiu que algo precisava ser feito, o setor de reclamações estava soterrado de queixas. Mas teve uma dúvida: seria melhor mudar o rumo da evolução dos seres humanos ou direcionar a evolução de um outro ser vivo no sentido de domar o valentão? Ficou com a segunda opção.

Os coronavírus, os escolhidos para a missão, tinham um plano. Alojados no interior de morcegos, conheciam o ponto fraco dos humanos: três buracos que levam a uma cavidade úmida, recoberta por uma camada de células relativamente desprotegidas. Por esses orifícios entra e sai uma quantidade razoável de ar carregado de gotículas de água. São gotículas que os coronavírus usam para migrar de um morcego para outro faz milhões de anos. Enquanto os valentões destruíam o lar dos coronavírus matando morcegos, eles arquitetaram uma maneira de pular para o pulmão humano. Sabiam que seu primo distante, o vírus da influenza, tivera sucesso. Depois de matar milhões de humanos em 1918, havia se estabelecido nos seres humanos de maneira permanente. Em 2009 um outro primo, o H1N1, tinha repetido o feito e vivia feliz nos pulmões mais poderosos do planeta.

A grande quantidade de humanos num mesmo lugar e esse hábito estranho de comer morcegos levavam os coronavírus a salivar em antecipação. Em 2003 e 2004 fizeram sua primeira tentativa. Guiados pela inteligência maior, modificaram seu próprio genoma e pularam. Tiveram relativo sucesso. Saltando de pulmão em pulmão chegaram a habitar 8 mil humanos, matando 774. Foi a SARS. Infelizmente a inteligência errou na dose: a doença foi forte demais, o que fez com que os humanos percebessem a invasão antes que o coronavírus tivesse tempo de pular para outros pulmões. Mas a inteligência aprendeu. Seria melhor provocar uma doença leve em parte dos pulmões, permitindo o espalhamento do vírus antes do aparecimento dos sintomas. Descobriu também que os humanos só dispõem de duas armas contra os coronavírus. A primeira é isolar os doentes em hospitais até que o sistema imune liquide o vírus, ou que a vítima morra. A segunda, chamada quarentena, consiste em isolar pessoas que tiveram contato com doentes para que, se contaminadas, não passem o vírus adiante (foi o que funcionou contra a SARS, e os coronavírus perderam a batalha).

Para terem sucesso tudo deveria acontecer rápido, mais rápido que a implementação das quarentenas ou do desenvolvimento de uma vacina ou remédio. Um novo ataque foi planejado.

A inteligência escolheu o local e a data para o pulo, um mercado de animais selvagens em Wuhan, na China, logo antes do ano-novo chinês, quando parte da população viaja para passar os longos feriados com os parentes. O pulo foi dado em novembro ou dezembro de 2019. O vírus se espalhou de pulmão em pulmão e, desenhado para ter uma longa incubação e a capacidade de infectar outras pessoas mesmo antes de alguém saber que está doente, teve sucesso. Nada como uma operação bem planejada. Quando os chineses perceberam era tarde, os casos chegavam a centenas, as mortes estavam ocorrendo e milhões de pessoas já haviam saído de Wuhan levando o vírus para toda a China. Sem poder identificar quem tivera contato com quem, as autoridades decidiram colocar Wuhan e outras cidades da província em quarentena. Quase 60 milhões de pessoas trancadas em casa. Mas isso não impediu que o coronavírus se espalhasse. Quando o resto do mundo se deu conta do problema, havia pouco a fazer; os casos começaram a pipocar em outros países e a solução foi toda a China entrar em quarentena. Fronteiras foram fechadas, companhias aéreas cancelaram voos, países evacuaram seus cidadãos.

Casos fora da China ainda são poucos e se concentram em países desenvolvidos. Mas a grande inteligência sabe que na África e na América Latina os valentões não conseguem se organizar para testar e isolar os casos suspeitos e tratar os doentes.

Infelizmente o plano da inteligência que controla a evolução dos seres vivos não foi compartilhado comigo, que não acredito nela. Talvez consista em dar um susto na humanidade permitindo que controlemos a epidemia ao longo do próximo ano. Mas talvez seja outro, conseguir conquistar um espaço permanente para o coronavírus nos pulmões da humanidade.

No Brasil somos privilegiados. Enquanto no mundo os cientistas continuam acreditando no darwinismo, na seleção natural e na ciência empírica, tentando desenvolver vacinas e testar medicamentos, no Brasil a situação é outra. Ainda não sacrificamos animais para a inteligência na esperança de que ela nos poupe dessa praga, mas estamos caminhando nessa direção. Nossa única vantagem é que dispomos de líderes que talvez possam acionar sua relação especial com a inteligência. Com eles, quem necessita de ciência? Devemos pedir que descubram o plano dessa inteligência maior. Vamos apelar para o oráculo de Virgínia, nosso ministro da Educação, ou para o presidente da Capes, que criou um centro de pesquisa em design inteligente. Seguramente eles terão a resposta...

Covid-19: China admite que perdeu a primeira batalha

15 de fevereiro de 2020

O Brasil tinha 0 casos confirmados de covid-19.

Na guerra contra um novo vírus o objetivo da primeira batalha é bloquear totalmente as cadeias de transmissão entre seres humanos, impedindo a propagação do vírus ao mesmo tempo que tratamos todos os doentes. Essa guerra é considerada ganha quando os novos casos da doença atingem zero e permanecem zero por todo o período de incubação. Nessa batalha as armas são a identificação de cada novo caso e o isolamento (quarentena) do enfermo e de todas as pessoas que tiveram contato com ele, de modo a impedir a transmissão do vírus, que então volta a existir somente nos animais nos quais se originou. Essa batalha foi vencida diversas vezes contra o ebola, e a doença desaparece por anos até que um novo foco apareça e a batalha recomece.

Quando fracassamos nessa primeira batalha, perdemos a capacidade de identificar e bloquear cada um dos indivíduos de cada uma das cadeias de transmissão, e o vírus circula mais ou menos livre pela população. É o que aconteceu com o H1N1 e o HIV, que se juntaram a centenas de outros vírus com os quais convivemos. O objetivo da segunda batalha, então, é controlar parcialmente a propagação do vírus, evitando o aparecimento de grandes focos localizados e combatendo-os assim que surgem. Esses focos não somente facilitam e aceleram a propagação, mas podem levar ao colapso do sistema de saúde se não forem rapidamente controlados. Nessa segunda batalha as armas são medidas preventivas que retardam a propagação do vírus, o uso de vacinas para imunização e o fato de parte da população já ter sido infectada pelo vírus e, portanto, ter se tornado resistente. A segunda batalha é considerada ganha quando apenas poucos focos grandes aparecem, e dizemos que o vírus está sob controle. Nossa relação com a grande maioria dos vírus que nos atacam é de combate permanente. Existe somente um caso em que a guerra foi ganha após uma longa batalha desse tipo: a varíola. Em outras chegamos próximos da vitória antes de sofrermos com o ressurgimento da doença, como é o caso da tentativa de extinguir a pólio, o sarampo e a febre amarela (essas duas últimas doenças tiveram focos recentes em São Paulo, por exemplo).

No caso da covid-19 a primeira batalha está em andamento nos países desenvolvidos, que estão tentando identificar cada ocorrência, localizar sua origem, mapear todos os seus contatos e os colocar em quarentena. Na Inglaterra foram mapeadas três cadeias de transmissão e nove doentes foram identificados. Para tanto quase 3 mil pessoas já foram testadas com os métodos moleculares. Apesar disso têm aparecido casos provenientes já de outros países, como por exemplo Singapura.

Na China essa primeira batalha foi perdida e claramente o país, na sua maneira peculiar de lidar com informações, já admitiu a derrota. As evidências de que a batalha está perdida são as seguintes. O número de casos da doença, seguramente maior que os reportados 60 mil, foi admitido como incerto, pois as pessoas com sintomas leves ou assintomáticas deixaram de ser identificadas e contadas. O país admitiu que não consegue sequer testar com métodos moleculares os casos mais graves, pois o sistema de saúde em Wuhan está totalmente saturado. Mais de 1500 médicos já foram infectados e quase uma dezena morreu. Já existem pelo menos cinco outras províncias com mais de mil casos, o que era o número de casos em Wuhan em 24 de janeiro, três semanas atrás. Além disso foi descoberto que a covid-19 pode ser transmitida por pessoas ainda sem sintomas ou com sintomas muito leves, o que torna as cadeias de transmissão muito maiores e muito mais difíceis de identificar. Finalmente os epidemiologistas já vêm dando declarações de que a humanidade vai conviver com a covid-19 por muitos anos. Ontem uma declaração desse tipo foi dada por um epidemiologista da OMS.

Por outro lado, existem notícias boas. Como o número de casos é provavelmente muito maior que o reportado, e a China concedeu esse ponto, a letalidade do vírus deve ser muito menor que os 2% calculados inicialmente. Isso porque o número de mortes deve estar aproximadamente correto, mas o número de casos deve estar grosseiramente subestimado. A China está agora engajada na segunda batalha, tentando evitar que a tragédia de Wuhan se espalhe pelo país e buscando reduzir os novos casos a números que possam ser controlados, através do aumento das áreas em quarentena e do controle do tráfego interno de pessoas.

O que vai acontecer no resto do mundo durante 2020 é uma incógnita. Muito provavelmente a China vai continuar a expandir as medidas draconianas por outras áreas do país e com isso vai conseguir diminuir o número de casos. Em algum momento vai ser forçada a reduzir ou cancelar essas quarentenas que envolvem milhões de pessoas, antes do desaparecimento do último caso, o que equivale a aceitar que vai conviver com mais esse vírus. E quando isso ocorrer dificilmente os outros países conseguirão se manter livres da covid-19 — principalmente os mais pobres e despreparados vão conviver com surtos de tamanho imprevisível nos próximos meses.

Com um pouco de sorte vamos descobrir que a doença causada pelo novo coronavírus não passa de uma forte pneumonia viral com uma taxa de letalidade inferior a 0,5%, cujo número de casos no longo prazo será controlado pela imunidade gerada pela infecção e por uma das vacinas que estão sendo desenvolvidas. O quanto a humanidade vai sofrer para chegar lá é imprevisível, pois é sempre bom lembrar que essa epidemia ainda não tem dois meses de vida.

O coronavírus veio para ficar

29 de fevereiro de 2020
O Brasil tinha 2 casos confirmados de covid-19
e 0 mortos pela doença.

Já é consenso entre os epidemiologistas que o coronavírus se espalhará por todo o planeta e seremos obrigados a conviver com ele por muitas décadas. Ele veio para ficar. A grande dúvida é com que velocidade e intensidade ele se espalhará. É difícil de acreditar, mas hoje é mais fácil prever o futuro distante (daqui a três ou quatro anos) do que o futuro próximo (um a dois anos). Geralmente previsões de longo prazo são piores que as de curto prazo, mas no caso de um novo vírus ocorre o contrário. Entender as razões dessa inversão é essencial para evitar o pânico.

Daqui a três ou quatro anos teremos uma relação com o coronavírus semelhante à que temos hoje com o vírus do sarampo, da gripe e da poliomielite. O vírus estará entre nós, mas terá dificuldades de se espalhar. Quando ele infectar uma pessoa e pular para uma segunda terá grandes chances de encontrar uma pessoa já resistente ao vírus, alguém que já foi infectado anteriormente e está protegido pelo seu sistema imune, ou então que já terá sido vacinado. Em três ou quatro anos as vacinas muito provavelmente estarão disponíveis para toda a população. E, nessas condições, o vírus vai aparecer ocasionalmente, em pequenos surtos localizados que serão facilmente controlados contanto que as pessoas se vacinem. Tudo voltará ao normal e teremos mais uma vacina para tomar todos os anos. É claro que esse cenário não é uma certeza absoluta, mas é o mais provável dado o que conhecemos sobre epidemiologia, sobre os vírus e sobre as doenças que eles causam. Agradeça à ciência.

Agora vejamos por que o cenário de curto prazo (doze a 24 meses) é muito mais difícil de prever. Como ficou claro na China e agora na Itália, no Irã e na Coreia do Sul, esse vírus se espalha rapidamente e pessoas infectadas, mesmo com poucos sintomas, são capazes de transmitir o vírus para outras. O mais importante é que toda a população mundial, os 7,7 bilhões de pessoas que habitam o planeta, nunca teve contato com esse vírus. Em outras palavras, toda e qualquer pessoa é uma vítima potencial. Nessas condições, quando o vírus infecta alguém ele pode rapidamente se espalhar como fogo em capim seco, difícil de apagar. Foi o que ocorreu em Wuhan, no navio ancorado no Japão e num templo religioso na Coreia do Sul. Portanto a grande incógnita é quão rápido ele vai se espalhar. A boa notícia é que a humanidade — novamente graças a séculos de investigação científica — é capaz de interferir na velocidade de propagação de um vírus. Ou seja, não estamos ao sabor de um fenômeno sobre o qual não temos controle, como bem demonstrou a China e como estão demonstrando outros países. Temos armas para interferir no processo.

Vejamos alguns dos possíveis cenários para os próximos 24 meses. Por respeito à inteligência dos leitores sou obrigado a começar com o pior deles, algo que dificilmente vai ocorrer: o vírus infecta toda a população mundial nos próximos doze a 24 meses. Nesse cenário 85% da população terá uma espécie de gripe forte que poderá ser tratada em casa, estará curada e ficará parcial ou totalmente imune ao vírus após uma ou duas semanas. Os 15%

restantes terão que ser tratados em hospitais. Aproximadamente 10% da população terá complicações e algo como 2% morrerá. Quando a vacina estiver disponível grande parte da população humana já estará imune ao novo coronavírus. O principal problema nesse cenário, além das mortes, é o colapso do sistema de saúde, como ocorreu em Wuhan. Em ambientes onde o sistema médico não existe ou colapsa, a taxa de letalidade pode ser muito maior que 2%.

No melhor cenário possível, as propriedades intrínsecas do vírus, associadas às variações climáticas e às medidas de contenção, garantem que o número de casos nos próximos meses não passe de, por exemplo, 40 mil mensais (aproximadamente 50% do que tivemos nos últimos trinta dias). Teríamos então, por mês, 6 mil hospitalizações em todo o mundo e aproximadamente oitocentas mortes. Após dois anos, a vacina estaria disponível e entraríamos em uma nova fase, tendo convivido com um número muito menor de mortes e com um número de hospitalizações administrável. Nessas condições, é até possível que a letalidade seja menor que 2%, pois os sistemas de saúde não serão sobrecarregados. Nesse caso a imunidade contra o vírus no longo prazo vai depender de uma vacinação generalizada mais adiante, pois somente uma pequena parte da população terá sido infectada nos primeiros dois anos. Este também é um cenário extremo, difícil de acontecer, pois provavelmente exigiria medidas globais semelhantes às adotadas na China.

Os outros cenários estão entre esses dois extremos e envolvem um espalhamento mais lento do vírus nos próximos dois anos, ou porque ele é mesmo mais lento do que imaginamos hoje, ou porque ele teria dificuldades de se espalhar no verão e em países quentes. Ou, ainda, por uma combinação desses fatores com as medidas que os governos adotarão, a disposição da população para aceitá-las e o custo delas para a economia global.

É claro que existe um outro fator muito importante: diferenças dos sistemas de saúde e no monitoramento epidemiológico entre os países. Todos os epidemiologistas concordam que os países mais pobres terão muito mais dificuldade em controlar as epidemias locais e dificilmente conseguirão tratar adequadamente seus pacientes.

Essas minhas previsões são extremamente rudimentares. Os epidemiologistas que trabalham com modelos matemáticos estão quebrando a cabeça para produzir modelos mais precisos e tentando identificar as medidas que melhor possam conter o vírus nos próximos dois anos, enquanto outros cientistas tentam desenvolver a vacina. Em todos os cenários, o crucial é não deixar o vírus se espalhar rapidamente, o que pode levar a muitas mortes concomitantes e ao colapso dos sistemas de saúde. As medidas que estão sendo anunciadas por todo o mundo visam a isso, ganhar tempo.

O objetivo não é mais exterminar o vírus: essa foi a batalha perdida na China nos últimos dois meses (veja meu artigo de duas semanas atrás). Estamos no início da segunda batalha, para retardar a propagação do vírus pelo planeta — e nela todos podemos e devemos nos envolver.

Coronavírus: brincando com fogo

11 de março de 2020

O Brasil tinha 52 casos confirmados de covid-19 e 0 mortos pela doença.

No dia 18 de fevereiro, exatas três semanas atrás, a Itália tinha três casos de coronavírus e não tinha registrado nenhuma morte. Vida normal. Hoje, três semanas depois, tem 9172 casos e 463 mortes. O sistema de saúde das áreas mais afetadas está em colapso, com pacientes sendo atendidos nos corredores dos hospitais, praticamente não existem mais leitos de UTI para internar os pacientes mais graves, e muitos deles, entubados, estão sendo tratados em salas de operação convertidas em UTIs. Muitos médicos e enfermeiros foram infectados pelo coronavírus e abandonaram seus postos. Para tentar retardar o alastramento da doença o governo colocou os 60 milhões de habitantes em isolamento e o país vive uma situação de caos. Da normalidade ao caos em 21 dias. A Itália não está sozinha: processos semelhantes estão ocorrendo no Irã e na Coreia do Sul. França, Alemanha e Espanha podem estar no início desse processo, saberemos em uma ou duas semanas.

Esses são fatos, não especulações ou modelos. Também é fato que o estado de São Paulo, com 44 milhões de habitantes, possui na tarde de 10 de março dezesseis casos de coronavírus e 322 casos suspeitos. Isso demonstra que São Paulo ou outra cidade brasileira pode se encontrar em uma situação semelhante à da Itália em três semanas. Veja bem, isso não quer dizer que *teremos* uma epidemia por aqui em três semanas, mas demonstra sem sombra de dúvida que essa é uma possibilidade real. Difícil de aceitar, mas absolutamente real.

Diante dessa possibilidade existem duas posturas possíveis. Uma é esperar e ver se ela se torna realidade e ir reagindo da melhor maneira possível à medida que o cenário piorar. É a típica postura dos governos brasileiros: nomeio uma comissão para não dizer que não estou preocupado, divulgo algumas estatísticas uma vez por dia, testo algumas pessoas. Mas os investimentos e medidas concretas deixo para depois, ou porque sou relapso, ou porque tudo é muito difícil por aqui. Afinal, em três semanas talvez nada aconteça, Deus é brasileiro.

A outra postura é implementar de antemão um sistema capaz de lidar com um número grande de casos de modo a minimizar a possibilidade de colapso do sistema de saúde quando a epidemia chegar. É o que a Inglaterra, a França e a Alemanha estão fazendo há mais de um mês. Mas o prazo é curto, são semanas para agir, não meses ou anos. Vejamos o que esses países estão fazendo. Não são segredos: seus planos de ação estão na internet e vêm sendo estudados por epidemiologistas brasileiros faz algumas semanas. (O problema é convencer o governo a se mexer.)

A primeira providência é proteger os médicos e todo o corpo técnico dos postos de saúde, hospitais e outros locais de atendimento. Para isso é preciso fornecer-lhes máscaras, luvas e todo o resto, e considerar qualquer caso de gripe viral como um potencial caso de coronavírus, e não somente os viajantes que vieram do exterior. Todos os casos precisam ser testados para coronavírus, e os positivos e seus contatos precisam ser colocados em isolamento. Na Inglaterra, se você acha que pode ter coronavírus não deve ir a um centro de saúde; você liga e alguém vem te testar em casa. Isso porque tanto na China como em outros países os primeiros casos de coronavírus que chegaram sem serem identificados acabaram infectando médicos e enfermeiros, o que, de saída, debilita o sistema de saúde.

Mas para isso é preciso que os testes para coronavírus estejam disponíveis em larga escala e que o tempo de resposta seja curto. A Inglaterra já testou mais de 20 mil pacientes só para garantir a integridade do seu sistema de saúde. Por aqui os testes ainda são feitos em pequenos lotes e com enorme dificuldade por alguns laboratórios públicos. Seria preciso montar um sistema capaz de testar mais de 2 mil pessoas por dia com respostas disponíveis em doze a 24 horas. Seguramente estamos longe disso.

Dos casos de coronavírus, aproximadamente 80% podem ser tratados em casa e a pessoa se recupera em uma ou duas semanas. Essas pessoas precisam ser identificadas e isoladas, e seus contatos precisam ser testados. De novo a necessidade de um sistema de testes robusto. Os outros 20% precisam de tratamento hospitalar. O principal problema são os 6% de casos que precisam ser tratados com oxigênio, grande parte deles precisando ser entubados para sobreviver. Essas pessoas demandam leitos de UTI e respiradores. Dos que precisam de leitos de UTI, dois terços se recuperam e um terço morre. O que tem ocorrido em todos os países é que esses pacientes ocupam por duas a três semanas o leito de UTI, impedindo que novos pacientes sejam internados. A quantidade de leitos livres no sistema hospitalar é muito pequena, pois a maioria dos leitos é ocupada por pacientes com outras doenças.

Aí vem a outra providência prioritária: aumentar os leitos de UTI. Na China foram construídos dois hospitais, criando por volta de 5 mil leitos. Uma conta superficial, que precisa ser refeita por especialistas, sugere que o estado de São Paulo provavelmente necessitaria de 4 mil leitos além dos que existem. Claro que isso é impossível de ser organizado em duas ou três semanas, afinal não somos a China, mas se preparar significa aumentar o número de leitos e decidir sua destinação.

Além dessas providências os países criaram protocolos para cuidar dos pacientes, sistemas para monitorar as pessoas em quarentena, credenciamentos de médicos e enfermeiros aposentados que podem ser recrutados e um sistema sofisticado de informação ao público. Depois de tudo isso, países como a Inglaterra e a Alemanha avaliam que estão parcialmente preparados para enfrentar o número de casos que seus epidemiologistas acreditam que virão a ocorrer. Que eu saiba, no Brasil nem sequer decidimos os possíveis cenários que podemos enfrentar. Serão 10 mil, 100 mil ou 1 milhão de casos em 2020? Na prática estamos esperando para ver. Estamos brincando com fogo e provavelmente vamos nos queimar.

O impacto emocional do isolamento

15 de março de 2020
O Brasil tinha 200 casos confirmados de covid-19
e 0 mortos pela doença.

O aumento dos casos de covid-19 tem forçado os países a implementar medidas que intensificam a distância física e diminuem o contato entre pessoas. Na China, boa parte da população deixou de ir ao trabalho, as escolas fecharam, os eventos que envolvem aglomerações foram cancelados e a liberdade de ir e vir foi restrita. O mesmo está ocorrendo na Itália. Outros países estão tomando medidas semelhantes. Separando as pessoas fica mais difícil o vírus se espalhar e o número de casos por dia diminui, o que retarda o avanço da pandemia. E, mais importante, diminui a sobrecarga no sistema de saúde. O surto dura mais tempo, mas é menos intenso e as pessoas têm mais chances de serem tratadas adequadamente.

Precisamos nos preparar para a possibilidade de termos nossa liberdade de ir e vir restrita nas próximas semanas ou meses. O problema é que somos um animal social, estamos acostumados a viver em grupos, interagir com familiares e amigos. Por esse motivo, ficar trancado em casa durante semanas deixa qualquer um louco.

Na verdade, pouquíssimas pessoas ficam realmente loucas no sentido médico do termo, mas graças à ciência existem muitos estudos sobre o custo psicológico de uma quarentena. O jornal científico *The Lancet*, um dos mais respeitados, publicou uma revisão da literatura científica sobre o estado emocional das pessoas durante e após um período de isolamento.*

Foram identificados 3166 artigos científicos sobre o assunto nas bases de dados do jornal; 266 foram descartados por serem duplicatas; avaliados os resumos dos 2900 trabalhos, 2848 foram excluídos por serem irrelevantes. Os 52 estudos restantes foram analisados cuidadosamente e mais 28 foram rejeitados. O que segue aqui são os resultados reportados nos 24 trabalhos considerados para a revisão. As populações estudadas incluem médicos infectados, populações do Canadá, de Taiwan, Senegal, Hong Kong, China e outros países que sofreram com as epidemias de SARS, ebola, MERS e outras doenças. A conclusão é que a quarentena tem efeitos psicológicos muito diversos e de longa duração.

Diversos impactos emocionais foram detectados durante o isolamento: depressão, estresse, mau humor, irritabilidade, insônia, estresse pós-traumático, raiva e exaustão emocional. Esses são os sintomas com maior prevalência nas populações estudadas. No caso de pessoas isoladas por SARS e MERS, 20% tiveram medo, 10%, sentimento de culpa e 18%, tristeza. Também houve sentimentos positivos: 4% dos pesquisados se sentiram aliviados e 5%, felizes.

Os estudos demonstraram que pessoas jovens (dezesseis a 24 anos), de baixa escolaridade e mulheres são mais suscetíveis. Ter

* Samantha K. Brooks et al., "The Psychological Impact of Quarantine and How to Reduce It: Rapid Review of the Evidence". *The Lancet*, v. 395, n. 10227, pp. 912-20, 2020. Disponível em: <www.thelancet.com/action/showPdf?pii=S0140-6736%2820%2930460-8>. Acesso em: 1º jun. 2020.

filhos parece diminuir as chances de sofrimento durante a quarentena.

Foram também identificadas as razões para esses distúrbios: medo de ser infectado, frustração e tédio, falta de suprimentos (comida e outros bens) e falta de informação frequente. Após a quarentena as preocupações financeiras e o estigma de ter sido isolado são as razões mais frequentes para os sintomas, que persistiram em muitas pessoas por meses. Em alguns médicos e enfermeiros, o medo de doenças infecciosas não desapareceu.

Finalmente os estudos recomendam o que pode ser feito para aliviar esses efeitos: manter a quarentena tão curta quanto possível, fornecer informação abundante, garantir o suprimento de comida, reduzir o tédio através de meios digitais e comunicação.

Como muito provavelmente a maioria de nós vai passar por um período de isolamento total ou parcial nos próximos meses, é bom saber que os sentimentos que provavelmente nos acometerão fazem parte da resposta normal dos seres humanos ao isolamento. Saber disso talvez nos ajude a enfrentar com mais coragem esse transtorno. Cabe ao governo levar em conta esses achados científicos ao organizar o distanciamento social ou as quarentenas.

Coronavírus: uma quase boa notícia

18 de março de 2020
O Brasil tinha 428 casos confirmados de covid-19 e 4 mortos pela doença.

Se existe um líder que devemos ouvir durante a crise do novo coronavírus, essa pessoa é Angela Merkel, a chanceler alemã. Além de não ter papas na língua, é a única política com sólida formação científica. Doutora em química quântica, foi pesquisadora universitária até 1989 e desde 2005 lidera a Alemanha. Faz menos de dez dias ela alertou os alemães para a possibilidade de até 70% da população ser contaminada com o novo vírus. A Inglaterra, onde os epidemiologistas também são ouvidos, estima que 80% da população será infectada nos próximos doze ou 24 meses. São números assustadores, mas baseados na mais sólida evidência científica.

É sabido que uma pandemia viral que atinge uma população totalmente suscetível só está controlada quando o vírus não encontra pessoas suficientes para infectar. Isso geralmente ocorre quando 70% a 90% das pessoas suscetíveis se tornam imunes ao vírus. Essa taxa de imunidade pode ser obtida de duas maneiras: vacinando a população ou esperando que o vírus infecte esse número de pessoas e torne a população resistente. No caso de doenças para as quais temos vacinas, o objetivo é ter sempre uma cobertura vacinal de 90%. Quando esse número cai a doença ressurge, como foi o caso dos recentes surtos de sarampo no Brasil.

Mas qualquer leitor bem informado sabe que na China, que possui 1,39 bilhão de habitantes, foram diagnosticados 81 mil casos da doença e, com medidas drásticas, que agora estão sendo copiadas mundo afora, a epidemia em Wuhan foi controlada. Faça a conta da fração da população da China que foi infectada: 81 mil divididos por 1,39 bilhão. Somente 0,006% da população da China foi infectada até o momento. Estaria Angela Merkel louca? Não, o que ocorreu na China foi uma pequena epidemia localizada, a primeira onda de infecção, que foi contida pelas medidas adotadas. Na China, 99,9% da população ainda não foi infectada, e é por isso que os chineses estão receosos de suspender abruptamente essas medidas e já reclamam que os novos casos que estão aparecendo por lá vêm da Europa. Na verdade, a epidemia na China não imunizou seus habitantes, e o que foi detido foi a primeira onda avassaladora. Provavelmente, se tudo continuar bem, outras pequenas epidemias ocorrerão e serão controladas, até que 70% da população tenha sido contaminada ou surja uma vacina. Estamos na mesma batalha que os chineses.

A questão, no caso da China, é saber quantas pessoas realmente foram infectadas pelo vírus. As 81 mil são aquelas que foram testadas e deram positivo, mas sempre se suspeitou que existia um número maior de infectados, pois muitas pessoas apresentavam poucos ou nenhum sintoma e não entraram na conta, apesar de terem contraído o vírus. Mas quantas seriam?

Essa semana foi publicado um trabalho científico que analisou esse problema e demonstrou, depois de análises estatísticas cuidadosas, que 79% dos casos detectados (i.e., que deram positivo nos testes) foram infectados por pessoas não documentadas (i.e., que nem sequer foram testadas), e que 55% do total de infecções foram transmitidas de pessoas não documentadas para outras que tampouco foram documentadas.* Em outras palavras, somente 45% das pessoas que testaram positivo foram contaminadas por indivíduos que estavam sabidamente doentes. O que isso quer dizer é que existiu em Wuhan uma enorme rede de infecção de pessoa para pessoa que ficou totalmente fora dos casos registrados. A conclusão principal é que 86% dos casos nem sequer foram detectados. Ou seja, muito mais gente foi infectada do que aparece nas estatísticas dos casos detectados, uma espécie de cadeias de infecção fora do radar dos médicos.

Essa descoberta tem um lado ruim: demonstra que será muito mais difícil controlar a pandemia do que se imaginava. Isso porque é mais provável que uma pessoa seja infectada por um caso sem sintoma do que por alguém claramente doente. Essa foi a tônica da divulgação na imprensa.

Mas essa descoberta tem um lado positivo. Acompanhe comigo. Todas as taxas de fatalidade são calculadas dividindo-se o número de mortes pelo número de casos que testaram positivos. Como na China 3226 pessoas morreram e 81 mil foram infectadas, a taxa de fatalidade é de 4%. Esse número muda de país para país, dependendo da quantidade de testes e de quem foi testado. No Brasil, que decidiu testar só hospitalizados, será maior. Mas imagine agora que esse trabalho esteja correto e o verdadeiro número de infectados na China seja duas ou dez vezes maior que os 81 mil testados positivos. Refaça as contas: a taxa de fatalidade cairá para 2% ou 0,4%. Não que esse número seja pequeno: ele

* Ruiyun Li et al., "Substantial Undocumented Infection Facilitates the Rapid Dissemination of Novel Coronavirus (SARS-COV-2)". *Science*, v. 368, n. 6490, pp. 489-93, maio 2020. Disponível em: <https://science.sciencemag.org/content/368/6490/489/tab-pdf>. Acesso em: 1º jun. 2020.

ainda é muito maior que o da gripe e o suficiente para sobrecarregar o sistema de saúde.

Pessoalmente, como um diabético de 63 anos, confesso que fiquei feliz. E todos devemos torcer para esse resultado estar correto e se confirmar, pois o percentual de mortos será muito menor e o pânico causado por essa doença pode diminuir um pouco. Enfim, se esse trabalho estiver correto, é a primeira boa notícia que os cientistas nos dão nas últimas semanas. Para quem acredita em ciência, outras virão.

Foi descoberto um possível tratamento?

19 de março de 2020
O Brasil tinha 621 casos confirmados de covid-19 e 6 mortos pela doença.

Durante uma pandemia, muitos vão aprender quanto vale a ciência e o tamanho da desgraça que é ter líderes ignorantes. A ciência já começou a entregar resultados.

Desenvolver drogas e vacinas para o coronavírus é uma rota segura, mas lenta. E tempo é o que não temos. Outra possibilidade é procurar no nosso estoque de "armas" que já estão na prateleira se alguma delas funciona contra o vírus. Esse estoque são os milhares de fármacos que já são usados e estão disponíveis nas farmácias e nos laboratórios farmacêuticos. A grande vantagem desses compostos é que eles já foram testados em seres humanos, sabemos a dose que podemos usar, conhecemos os efeitos colaterais e, em muitos casos, a fabricação pode ser expandida rapidamente. Desde o início da epidemia, em praticamente todos os hospitais, médicos estão testando os mais diferentes medicamentos. Mas infelizmente, na maioria dos casos, eles simplesmente não combatem o vírus. Os resultados negativos têm sido publicados rapidamente para evitar que outros grupos tentem o mesmo medicamento. As revistas científicas de medicina estão coalhadas desses estudos. A novidade é que ontem circulou um trabalho indicando que uma combinação de duas drogas já conhecidas (hidroxicloroquina e azitromicina) parece funcionar.*

Para entender o resultado é importante saber como são feitos os experimentos. Os médicos recrutam pacientes e os dividem em grupos, nesse caso três grupos. O primeiro foi tratado com uma das drogas, o segundo, com as duas drogas e o terceiro recebeu o tratamento que a maioria dos pacientes vem recebendo: é o grupo-controle. Em seguida os resultados são apurados. Nesse experimento, o que foi medido é a presença de vírus, usando-se o mesmo método de teste que é usado pelos laboratórios para saber se uma pessoa está infectada. Esse trabalho envolveu 32 pessoas internadas com resultado positivo para o coronavírus. Dessas pessoas, dezesseis não receberam nenhum dos dois medicamentos; as outras vinte foram tratadas com hidroxicloroquina, e seis dessas vinte tomaram também azitromicina. A idade média dos pacientes é de 45 anos e nenhum deles era caso gravíssimo (que necessita de respiradores). O estudo começou em média quatro dias depois que os pacientes foram internados e durou seis dias, com os pacientes sendo testados diariamente para a presença do vírus.

O resultado é impressionante. Depois de seis dias, 100% dos pacientes não tratados ainda testavam positivo para o vírus, e entre os tratados com uma das drogas, 55% testavam positivo e 45% testavam negativo. Entre os tratados com ambas as drogas, já no quinto dia nenhum testava positivo, o que se repetiu no sexto dia. Ou seja, 100% dessa diminuta amostra foi aparentemente curada. Um resultado muito claro, mas ainda preliminar.

* Philippe Gautret et al., "Hydroxychloroquine and Azithromycin as a Treatment of Covid-19: Results of an Open-label Non-randomized Clinical Trial". Mar. 2020, em revisão. Disponível em: <https://doi.org/10.1016/j.ijantimicag.2020.105949>. Acesso em: 2 jun. 2020.

E, antes que você fique muito animado, é preciso lembrar que esse é um estudo muito pequeno, feito com pouquíssimos pacientes, que não foram colocados de maneira randômica nos grupos. Ou seja, o experimento tem que ser repetido ao longo de mais tempo em mais alguns centros de tratamento, com pacientes mais numerosos e de diferentes idades e gravidade. Mas sem dúvida é encorajador. Não tenha dúvida de que nas próximas semanas saberemos se esse resultado foi confirmado. Se for confirmado, será o primeiro tratamento para a covid-19.

A grande vantagem desse tratamento é que ele usa duas drogas amplamente comercializadas. A hidroxicloroquina é um derivado da droga que usamos para curar malária e a azitromicina é um antibiótico. Ambas são drogas baratas, muito bem conhecidas. Já existiam evidências de que a hidroxicloroquina ataca células que produzem o coronavírus. O efeito da azitromicina ainda não é bem entendido, porém o mais provável é que ele evite a proliferação de bactérias nos pulmões afetados.

Esse resultado é quase bom demais para ser verdade, e por isso os cientistas estão ocupados repetindo esses experimentos. É esperar para ver.

Enquanto isso, nossos líderes, em vez de se preparar para a pandemia, insistiam em dizer que tudo era boato. Agora, enquanto eles aparecem com uma máscara pendurada em uma só orelha, os resultados científicos foram revisados e aceitos para publicação. Twitter não mata vírus. Lembre-se disso.

Conversei com o líder da pesquisa na França, um cientista bem conhecido chamado Didier Raoult, para me certificar de que os dados eram reais. Ele afirmou que o trabalho já havia sido revisado e será publicado em breve em uma revista científica.*

* O estudo foi retratado posteriormente.

Testar, testar e testar

22 de março de 2020

O Brasil tinha 1546 casos confirmados de covid-19
e 25 mortos pela doença.

Testar, testar e testar é a recomendação da OMS para os países em que a crise do novo coronavírus está no início. E foi testando que a China, Hong Kong e Singapura controlaram suas epidemias. No Brasil o governo insiste que somente vai testar os casos graves. Vou tentar explicar por que os cientistas acreditam que testar é imprescindível.

Na prática médica um teste de laboratório é solicitado para confirmar um possível diagnóstico. E confirmar o diagnóstico é fundamental para escolher o tratamento adequado. A lógica do governo federal no caso do coronavírus é que, como 80% dos casos não precisam de tratamento hospitalar, e as pessoas se curam sozinhas em casa, por que gastar dinheiro e fazer um enorme esforço para montar um sistema robusto e ágil de testes? É jogar dinheiro fora. Essa é a lógica de médicos ou infectologistas que não entendem de epidemiologia. Ainda bem que nem todos os médicos que estão lidando com a pandemia pensam assim.

Os países que tiveram sucesso no controle do surto testaram muito e continuam testando todas as pessoas que suspeitam estar com o novo coronavírus. A primeira razão para essa avalanche de testes é identificar rapidamente os infectados e garantir que fiquem realmente isolados, até a doença passar. As pessoas que tiveram contato com eles também são testadas para descobrir se foram contagiadas e, se o resultado for positivo, elas também são isoladas. Na verdade, é exatamente isso que foi feito com toda a comitiva do presidente que voltou de viagem com alguns doentes: todos os membros parecem estar sem sintomas, mas estão devidamente testados e os positivos e suas famílias, isolados. Se vale para o presidente e sua comitiva tem que valer para qualquer brasileiro. Uma pessoa está com febre e sintomas de coronavírus: testa. Pessoas que não estão com sintomas mas tiveram contato: teste neles. Tem febre: teste.

O isolamento radical das pessoas infectadas e seus contatos se soma ao distanciamento que está sendo imposto a toda a população. Essas pessoas também têm sido monitoradas por telefone e instruídas para pedir ajuda se os sintomas se agravarem.

A segunda razão para se testar todo esse mundo de gente é que uma onda de testes positivos prevê, com uma ou duas semanas de antecedência, onde vão aparecer mais casos graves e logo depois as mortes. Se hoje tivéssemos à mão os dados de, por exemplo, Campinas e Ribeirão Preto, e o número de testes positivos em uma dessas regiões começasse a crescer, seria possível prever que o próximo surto seria lá, e medidas restritivas mais intensas poderiam ser implantadas. Em São Paulo a quantidade de testes no início da crise foi grande, mas isso ocorreu porque pessoas ricas que voltaram do exterior resolveram ser testadas mesmo sem sintomas ou com sintomas leves, desobedecendo ao governo federal. E logo apareceram os casos positivos, as internações e agora as mortes. Mas isso não está ocorrendo no resto de São Paulo ou do país. Será que, se estivéssemos testando, não descobriríamos que casos positivos estão surgindo no sul da cidade ou em alguma comunidade específica? Sem esses dados, como disse o diretor da OMS, estamos entrando numa guerra de olhos vendados. Sem essa testagem massiva só vamos detectar o surto em uma região da cidade ou do país quando as mortes começarem a aparecer.

A terceira vantagem de testar o maior número de pessoas possível é que saberemos com mais precisão quantos casos temos no Brasil (lembre que uma grande parte dos doentes apresenta sintomas leves e se cura sozinha) e poderemos calcular a fração dos casos graves em função de um número mais confiável do total de infectados. Ou seja, o denominador de todas essas contas passa a ser mais confiável. Veja bem, se testamos somente os casos sérios hospitalizados, o nosso número total de casos será baixo, mas a grande parte das pessoas testadas vai ser entubada e muitos vão morrer, o que está longe da realidade dessa doença. Novamente, sem muitos testes não teremos dados para saber como o vírus e a doença se comportam em um país tropical como o Brasil.

Uma quarta vantagem da testagem massiva é que ao longo dos meses seguintes teremos uma proporção enorme de pessoas (mais de 80%) que vão poder dizer: "Olha, testei positivo, fiquei em casa e já estou bom, estou livre dessa praga". E assim, aos poucos, perceberemos que realmente não são só os cientistas que dizem que 80% dos casos são leves; perceberemos isso entre nossos amigos. Mas se todos os testados positivos forem internados o pânico será maior.

Agora a última razão. Se as medidas de distanciamento social que estamos tomando funcionarem como na China, os casos cairão a zero em alguns meses, o que será ótimo, mas somente uma pequena parte da população (os infectados e curados) estará protegida do vírus. Na China essa proporção é menor que 0,01%. Aí, ao diminuir lentamente as medidas de isolamento social, o governo precisará ficar atento, pois os casos podem reaparecer em qualquer lugar, ou porque ainda existem infectados, ou porque foram trazidos por pessoas que chegam do exterior. Esse é o problema que a China enfrenta hoje. E, para garantir que isso não se torne uma nova epidemia, os testes precisam ser aumentados ainda mais. É a única maneira de proteger a população até o aparecimento de uma vacina ou um tratamento.

Parece que aos poucos alguns líderes estão entendendo isso e se distanciando das recomendações do governo federal. Isso é ótimo. Agora montar um sistema robusto de testes é difícil, caro (cada teste custa cerca de cem reais) e logisticamente complicado, mas se o governo está pedindo sacrifícios enormes da população não devemos esperar dele nada menos que um esforço monumental, sobre-humano, ininterrupto e infatigável para aumentar o número de testes. E nisso nenhuma desculpa é aceitável. Mapas diários de números de testes feitos e número de casos positivos por município ou região do estado é o que eu gostaria de ver. Mãos à obra, sr. presidente, sr. governador e sr. prefeito. É nessa hora que os líderes serão separados dos demagogos.

Vão faltar respiradores

25 de março de 2020

O Brasil tinha 2433 casos confirmados de covid-19 e 57 mortos pela doença.

Nas próximas semanas vamos ser inundados de notícias sobre a falta de respiradores para tratar os casos graves de coronavírus em São Paulo. Esse é um problema que todos os países estão enfrentando e conosco não vai ser diferente. O porém é que o governo nem sequer sabe de quantos respiradores vai precisar. Assim como no caso dos testes diagnósticos, os governos estão sendo muito lentos, e estamos condenados a responder aos fatos em vez de nos anteciparmos. Vou tentar explicar o problema dos respiradores e como é possível calcular quantos vão faltar.

Quem já foi operado sob anestesia geral usou um respirador. Durante a anestesia ficamos incapazes de aspirar o ar para o interior de nossos pulmões, por isso os médicos introduzem em nossa boca um pequeno cano que chega até a traqueia. Esse duto leva o ar aos pulmões. É desconfortável, mas normalmente já estamos dormindo quando isso é feito e não lembramos depois. Esse tubo está ligado ao respirador, que não passa de uma bomba de encher pneu de bicicleta altamente sofisticada. Ele bombeia uma quantidade predeterminada de ar para o interior dos pulmões, com um fluxo e uma pressão regulados pelo médico. O ar bombeado pode ser enriquecido com oxigênio. Após o ar ter sido bombeado, uma válvula se abre e o ar é expelido por nossa caixa torácica, que funciona como um balão que se esvazia quando abrimos o bocal. O princípio é simples, mas esses equipamentos são muito sofisticados e precisam ser operados por pessoas muito bem treinadas. Toda sala cirúrgica tem um equipamento desse e todos os hospitais têm vários deles para serem usados em pacientes com os mais diferentes problemas respiratórios, normalmente em leitos de UTI. Tratar casos graves de pneumonia é um dos usos desse equipamento, e a covid-19 é uma forte pneumonia viral.

Durante a pandemia de coronavírus, é sempre bom lembrar, a enorme maioria dos contaminados com certeza não vai sequer passar perto de um desses equipamentos, pois 80% dos casos não necessitam ser tratados em hospitais e se recuperam sozinhos em casa. Dos 20% que são internados, muitos não demandam auxílio respiratório, outros precisam somente de um pouco de oxigênio, que pode ser liberado logo na entrada do nariz, e outros tantos podem ser tratados com aparelhos que auxiliam a respiração sem que seja necessário inserir um tubo na traqueia (uma máquina parecida com as usadas em casa por pessoas que têm dispneia do sono). Mas infelizmente um pequeno número de pacientes, algo como 5% ou 6% de todos os infectados pelo vírus, fica com o pulmão tão alterado que para conseguir respirar (o que significa manter níveis adequados de oxigênio no sangue) precisa ser colocado nesses respiradores até que se recupere.

Embora esses aparelhos existam em todos os hospitais e a maior parte dos enfermos não necessite deles (por volta de 95%, insisto), quando o número de infectados é muito grande, como aconteceu na China e está acontecendo na Itália e na Espanha, e como muito provavelmente vai acontecer em São Paulo, a quantidade de aparelhos pode não ser suficiente para tratar todos os pacientes. Esse é um dos fatores que levam ao colapso dos hospitais no pico da epidemia. Portanto é preciso calcular quantos vão faltar em cada hospital ou região do país e se preparar comprando um número maior. Mas isso leva tempo. Se a produção de luvas e máscaras pode ser aumentada rapidamente, com respiradores a história é diferente. Infelizmente, se houver somente um respirador e dois pacientes necessitando dele, um dos pacientes vai morrer.

O problema que vivemos hoje no Brasil é que o governo ou não tem uma estimativa de quantos respiradores vão ser necessários em cada hospital ou região, ou se recusa a mostrar esse número para não deixar a população preocupada. Mas, sem esse número, como podemos ajudar a resolver o problema? Eu não vou fazer aqui as contas, mas posso descrever como elas podem ser e têm sido feitas em todos os países desenvolvidos.

O primeiro passo é construir possíveis cenários para o pico da pandemia em cada região. Ou seja, precisamos de um gráfico onde o número de casos detectados fica no eixo vertical e a data, no eixo horizontal. A maioria dos países trabalha com três cenários: um otimista, com números menores de infectados, um médio e um pessimista. Imagine o caso da cidade de São Paulo, com 11 milhões de habitantes. Um possível cenário é que 1% da população seja contaminada, ou seja, 110 mil pessoas. Dessas, imagine que 5% necessitem de respiradores, ou seja, 5500. Mas essas pessoas não vão precisar dos respiradores ao mesmo tempo. No início da curva poucos pacientes demandam respiradores, no pico da curva muitos vão precisar e no final da curva esse número cai.

Parece simples, mas tem um complicador. Cada pessoa fica no aparelho entre uma e três semanas até se recuperar. Ou seja, os respiradores são tomados logo quando o número de casos está aumentado e ficam ocupados por semanas pela mesma pessoa. Assim, nesse cenário hipotético, precisaríamos de menos de 5500 respiradores, mas o número exato tem que ser calculado cuidadosamente a partir das curvas (os chamados cenários). Então essa conta tem que ser repetida para o caso de 10% ou 15% da população ser infectada, ou outro cenário que o governo acreditar que pode ocorrer. Esboçados os cenários e calculado o número de respiradores necessários, o governo tem que descobrir quantos aparelhos já existem (aparentemente esse dado já existe no banco de dados do SUS) e então é fácil saber quantos respiradores precisam ser comprados ou colocados em funcionamento para atender à demanda. E, finalmente, isso tudo tem que ser feito para cada região do estado de São Paulo e do Brasil.

Nenhum país do mundo parece ter o número suficiente de respiradores se algo como 5% da população for infectada. Mas descobrir e divulgar quantos aparelhos precisamos é tarefa urgente do governo. Só com esse número a sociedade pode ajudar o governo a se organizar. Nessa semana grandes doadores se cotizaram para comprar respiradores, mas ninguém ainda sabe se o número comprado é suficiente ou se está longe de resolver o problema.

Agora a boa notícia. O número de respiradores de que precisaremos depende do total de pacientes com essa necessidade e de como esses casos vão se distribuir ao longo do tempo. Se todos acontecerem em um mês, vai ser o caos. Se eles forem distribuídos ao longo de alguns meses, a quantidade de respiradores necessários cai muito. E adivinhe de quem depende o número de casos que teremos? De nós mesmos, ao menos em parte. Da nossa capacidade de nos isolarmos e de lavarmos as mãos. Ou seja, cada um de nós tem o poder e a responsabilidade de diminuir o número de pessoas que vão morrer por falta de respiradores.

Fechar é mais fácil que abrir

27 de março de 2020

O Brasil tinha 3417 casos confirmados de covid-19 e 92 mortos pela doença.

Presos em casa, estamos todos vendo o número de casos e mortes aumentar exponencialmente. O crescimento dessa curva no Brasil é inevitável, e se ela se comportar de maneira semelhante à do início do surto na China, Itália e Espanha, vai subir por um ou dois meses, se estabilizar e depois descer. Serão dois ou três meses duros nos quais o número de mortes é difícil de prever.

Considerando nossa falta de preparo, até que estamos nos saindo bem. O sistema de testes, que era inexistente, está longe do ideal mas está se organizando (a Alemanha está fazendo 500 mil testes por semana). Muitas empresas e governos estão providenciando respiradores, hospitais de campanha estão pipocando pelo país. Mas o mais importante é que implantamos bem cedo políticas rígidas de isolamento, o que já está comprovado cientificamente que reduz o número de vítimas. O erro da Itália foi hesitar por uma semana.

Mas isso não quer dizer que agora basta esperar a avalanche de casos e lidar com eles. Na verdade, precisamos começar a discutir quando e, mais importante, de que maneira vamos relaxar essas regras rígidas de distanciamento social e isolamento. Os cientistas não têm dúvidas no que se refere a quando devemos relaxar o isolamento: é necessário esperar algumas semanas após o número de novos casos voltar a níveis baixos. Relaxar as medidas antes da queda da curva pode ser trágico, pois é certo que a epidemia volta rapidamente, os casos aumentam e teremos uma nova onda a ser combatida. Os primeiros estudos epidemiológicos que modelam a abertura na China, e que foram publicados hoje, mostram que foi sábio o país esperar e liberar o isolamento gradativamente a partir de abril (lembre que ele começou em meados de janeiro).* Esse adiamento, e a liberação gradual e planejada, deve reduzir em 92% o número de casos da segunda onda, que deve ocorrer em meados de 2020. Essa segunda onda é consequência inevitável da abertura. E a China está se preparando para lidar com ela sem fechar a economia.

Mais difícil que decidir quando liberar é escolher como relaxar as medidas restritivas e, ao mesmo tempo, garantir que o aumento de casos resultante seja passível de controle e não desmonte novamente o sistema de saúde e cause outra avalanche de mortes. Esse é o problema que tem tirado o sono dos epidemiologistas.

Uma coisa é certa: se é compreensível que entramos despreparados nessa crise, não existe desculpa para não nos prepararmos para sair dela. Teremos três meses para discutir e planejar as ações necessárias antes que elas sejam implementadas. A verdade é que

* Kiesha Prem et al., "The Effect of Control Strategies to Reduce Social Mixing on Outcomes of the Covid-19 Epidemic in Wuhan, China: A Modelling Study". *Lancet Public Health*, v. 5, pp. e261-70, maio 2020. Disponível em: <www.thelancet.com/pdfs/journals/lanpub/PIIS2468-2667(20)30073-6.pdf>. Acesso em: 2 jun. 2020.

montar o sistema de isolamento é muito mais fácil que desmontá-lo sem jogar no lixo as conquistas que custaram tantas mortes.

A primeira providência é possuirmos informações confiáveis sobre o que ocorreu durante o pico de casos. É preciso saber quantas e quem são as pessoas que contraíram a covid-19 e se recuperaram. Elas poderão voltar a circular livremente, é quase certeza que estarão imunes ao vírus por algum tempo. E aí entra a importância de testarmos o maior número possível dos casos que não chegaram aos hospitais, os tais 80% de casos leves. Cada uma dessas pessoas que testou positivo e sarou pode receber o carimbo verde de "liberada". Além disso, seria importante identificar as pessoas que talvez tenham sido infectadas e não foram testadas: elas fazem parte do grupo que teve contato com enfermos identificados e não apresentaram sintomas claros; muitas delas tiveram a doença. Na Alemanha, esses contatos também estão sendo testados e, caso tenham resultado positivo, vão entrar na lista dos automaticamente liberados após a quarentena. Mas para sabermos quem são eles teríamos que montar esse programa de teste nos próximos meses. Outro controle que está sendo iniciado na Inglaterra é usar um novo teste que indica, a posteriori, quem são as pessoas que já foram expostas ao vírus e estão curadas. Essa população testa negativo para o vírus mas já possui anticorpos contra ele. Saber a proporção da população já exposta é essencial para se planejar as medidas de relaxamento. Isso precisa igualmente ser feito.

Também vai ser necessário decidir, com base em modelos epidemiológicos, como vai ser a abertura gradual. Abriremos escolas e escritórios juntos? Ou escalonadamente? Entre as escolas, quais devem ser abertas primeiro? E assim por diante, decisões difíceis.

E finalmente vai ser preciso montar um sistema de testes amplo e robusto para descobrir e acompanhar os focos e pequenos surtos que vão aparecer logo depois da abertura, e ter um plano estruturado de como eles serão combatidos para não crescerem e se tornarem novas epidemias que exijam outra quarentena generalizada. Sem esse sistema funcionando antes da abertura novos focos não serão descobertos a tempo e podem se tornar novas epidemias. E todo esse sistema de vigilância terá que ser mantido até que surja uma vacina, ou até que 60% a 80% da população já tenha sido exposta ao vírus. Sem isso, não será possível uma recuperação econômica livre do medo de surtos recorrentes. Como pode ser visto, sair desse estado de isolamento total é uma tarefa muito mais difícil que implantá-lo. É preciso esquecer soluções fáceis e começar a planejar essas medidas. Três meses não é muito tempo, mãos à obra.

Ignorar, mitigar ou suprimir

29 de março de 2020

O Brasil tinha 4256 casos confirmados de covid-19 e 136 mortos pela doença.

No dia 26 de março de 2020 foi publicado o estudo feito para nortear as medidas de contenção do novo coronavírus, e já é considerado um clássico.* O trabalho, desenvolvido por um grupo de epidemiologistas do Imperial College de Londres, simulava a intensidade da pandemia na Inglaterra e nos Estados Unidos e recomendava as possíveis medidas de contenção até que uma vacina ou um remédio fosse descoberto. Esse estudo foi baseado em modelos que levavam em conta os dados e os resultados da pandemia na China, a estrutura social, a estrutura doméstica, a demografia, a distribuição de idade e o sistema de saúde britânicos e americanos. De início a Inglaterra adotou a estratégia de mitigação proposta pelo estudo, mas logo em seguida mudou de rumo e abraçou a de supressão.

* Imperial College Covid-19 Response Team, "The Global Impact of Covid-19 and Strategies for Mitigation and Suppression", 26 mar. 2020. Disponível em: <www.imperial.ac.uk/media/imperial-college/medicine/mrc-gida/2020-03-26-COVID19-Report-12.pdf>. Acesso em: 2 jun. 2020.

Agora, esse mesmo grupo refez o estudo para cada um de 202 países, incluindo o Brasil. Para isso foram levadas em conta todas as peculiaridades do Brasil, como a distribuição etária e estrutura familiar, índice de desenvolvimento e assim por diante. É um trabalho imenso descrito em um texto técnico e acompanhado de uma enorme planilha que detalha o resultado de cada um dos cenários analisados para cada um dos países, e também para o planeta como um todo. Vale a pena entender os resultados.

De início é importante lembrar que os resultados para os diferentes cenários se restringem às consequências médicas e epidemiológicas da pandemia e não consideram os custos sociais e econômicos das medidas.

Segundo os autores, existem três estratégias possíveis diante do novo vírus. A primeira é ignorar sua existência, não tomando nenhuma atitude. Nesse caso o modelo simula o espalhamento do vírus pelo planeta sem qualquer medida de contenção, num cenário que deve ser entendido como um referencial para podermos analisar o impacto das diferentes medidas de mitigação. Para o planeta, esse cenário prevê um único e enorme pico de casos no primeiro ano, com 7 bilhões dos 7,7 bilhões de pessoas do planeta infectadas, incríveis 40,6 milhões de mortes e o colapso total dos sistemas de saúde. O único lado positivo seria que, depois desse número enorme de mortes, toda a população estaria imune ao vírus e o problema desapareceria. Essa estratégia não foi adotada por nenhuma nação, mas pode vir a ocorrer em alguns países incapazes de implementar um dos outros caminhos.

A segunda estratégia é a mitigação. Nesse caso as medidas têm como objetivo reduzir as interações entre pessoas em 42%. Ou seja, toda a população interage com menos da metade das pessoas que interagiria em condições normais. O objetivo é espaçar o número de casos ao longo do tempo de modo a não sobrecarregar muito o sistema de saúde (o tal achatamento da curva).

Nesse cenário o estudo analisa duas possibilidades: isolar somente os mais idosos de cada país ou isolar igualmente toda a população, e em ambos os casos os números projetados são semelhantes, com um total de 20 milhões de óbitos, metade do primeiro cenário, e os países mais pobres seriam os mais afetados. Enquanto no mundo desenvolvido teríamos oito vezes mais casos que a capacidade máxima dos hospitais, nos países pobres o número de casos seria 25 vezes maior que a capacidade dos hospitais. Além disso as medidas teriam que ser estendidas por muitos meses até que toda a população fosse infectada e se tornasse imune ao vírus. Essa foi a estratégia adotada na Inglaterra até que a primeira versão desse modelo foi publicada, quando então o governo decidiu mudar para a terceira alternativa.

Essa terceira estratégia é a supressão do vírus, e pressupõe uma diminuição de 75% dos contatos interpessoais de toda a população, o suficiente para levar a propagação do vírus a zero; foi o que a China fez. A medida também apresenta duas versões no estudo, numa o isolamento total é feito quando ainda existem poucas mortes e noutra quando o número de mortes por semana já é alto. Na primeira versão, temos 470 milhões de pessoas infectadas nos primeiros 250 dias da pandemia e 1,9 milhão de mortes; na segunda, 2,4 bilhões de pessoas afetadas e 10,5 milhões de mortes. Observe como retardar as medidas de supressão aumenta muito o número de mortos (o erro da Itália). Quanto mais cedo essa tática é adotada, melhores os resultados.

Essa terceira estratégia tem dois problemas. O primeiro é que ela é difícil de implementar. O único caso de sucesso foi na China. E muitos países podem tentar implantar a supressão, e, se não tiverem sucesso, acabam com medidas que na realidade são de mitigação. O segundo problema, agora enfrentado pela China, é que a supressão tem que ser mantida até que surja uma vacina ou tratamento, pois se as medidas forem relaxadas antes disso a pandemia volta, porque só uma fração minúscula da população estará imune ao vírus. É bom lembrar que esses modelos assumem que grande parte dos casos de infectados (mesmo os que não necessitam de internação) terão sido testados e estarão em isolamento, assim como seus familiares.

Bom, agora vamos ver os números para o Brasil:

Objetivo	Intervenção	Distância social	Total de infectados	Total de mortes	Total de hospitalizados	Total de hospitalizados críticos
Ignorar	Nenhuma intervenção	0%	181 084 337	1 088 612	5 891 295	1 443 116
Mitigar	Distanciamento social de toda a população	42%	114 348 169	576 128	3 222 624	764 105
Mitigar	Distanciamento social da população de idosos	41%	112 988 886	471 742	2 925 842	625 338
Suprimir	Início do distanciamento social com 3401 mortes por semana	75%	49 599 016	206 087	1 182 457	272 916
Suprimir	Início do distanciamento social com 425 mortes por semana	75%	11 457 197	44 212	250 182	57 423

Os resultados assumem que a população do Brasil é de 212 milhões de pessoas e que a taxa de replicação do vírus (R_0) é 3,0. Outros cenários, com outros valores da taxa, também estão no trabalho, com resultados semelhantes. Na tabela a primeira linha descreve o que aconteceria se ignorássemos o vírus (nenhuma intervenção). Não haveria redução da distância social e em um ano seriam infectados 181 milhões dos 212 milhões de brasileiros, teríamos 1,08 milhão de mortes e 5,89 milhões de pessoas hospitalizadas, sendo 1,44 milhão delas casos graves que necessitariam de entubação.

A segunda e terceira linhas descrevem os cenários de mitigação, em que a distância social seria reduzida em 42% e 41%. No cenário da linha 3 o distanciamento social seria generalizado, mas maior para os idosos (60% para o grupo de risco). Nesses dois cenários o número de infectados cai para 114 milhões e 112 milhões de pessoas, o número de mortes cai para algo como 500 mil pessoas, os hospitalizados, para algo como 3 milhões e os casos críticos, para algo como 700 mil pessoas. Como você pode ver, isolar mais os idosos não faz muita diferença, embora os números sejam um pouco melhores. Uma das vantagens da estratégia de mitigação é que os casos estarão espaçados ao longo do ano, o que sobrecarregaria menos os hospitais.

Finalmente as estimativas na tentativa de suprimir o vírus (linhas 4 e 5 da tabela). Para isso é preciso reduzir os contatos sociais de toda a população em 75%, e o momento em que iniciamos esse processo é de suma importância. No Brasil, se o processo for iniciado quando as mortes por semana forem 3400, o número de infectados será de 50 milhões de pessoas, teremos 206 mil mortes e 1,18 milhão de brasileiros serão hospitalizados, sendo 272 mil casos graves. Agora, se a supressão for iniciada quando o número de mortes for de 425 por semana (o que deve ocorrer na semana que vem ou na outra), somente 11,45 milhões de brasileiros serão infectados, 44 mil morrerão e 250 mil serão hospitalizados, sendo 57 mil destes casos graves.

Em todos esses cenários o número total de leitos hospitalares e o número de pessoas entubadas no pico da pandemia também foram estimados. No melhor cenário (supressão cedo) precisaríamos de 72 mil respiradores e no pior (nenhuma intervenção), de 2,2 milhões de respiradores.

Essas são as projeções de um dos melhores grupos de epidemiologistas do mundo levando em conta todas as peculiaridades do Brasil, como o fato de os idosos morarem com pessoas jovens, parte das famílias viverem em favelas e outras peculiaridades do país (no trabalho estão descritas todas as características do Brasil que foram usadas no modelo). Os números são verdadeiramente assustadores, mas os dados recentes da Itália e da Espanha sugerem que esses modelos não estão muito errados.

Hoje, no Brasil, muitos estados estão tentando adotar a estratégia da supressão enquanto o governo federal propõe a mitigação com isolamento dos idosos. Tentar aplicar uma dessas estratégias não é certeza do seu sucesso. Se a população não respeitar o isolamento, uma estratégia de supressão pode facilmente se transformar em uma mitigação e uma mitigação pode não ter efeito. Olhe com cuidado a tabela, os prós e contras de cada estratégia, e forme uma opinião. É isso que todos os governantes que acreditam na ciência deveriam estar fazendo.

O apagão dos testes é inaceitável

31 de março de 2020

O Brasil tinha 5717 casos confirmados de covid-19 e 201 mortos pela doença.

Em São Paulo conseguimos evitar o erro da Itália, que demorou a implantar o distanciamento social e está sofrendo as consequências. Mas estamos cometendo o erro dos Estados Unidos, que demoraram para implantar seu sistema de testes, deixaram de saber o número de casos que estavam ocorrendo, não conseguiram isolar os contaminados e viram a pandemia explodir em Nova York com uma violência brutal. Agora o governo americano prevê até 200 mil mortes. Estamos no mesmo caminho, e isso precisa ser revertido.

Para controlar essa pandemia só temos duas armas à disposição: o distanciamento social generalizado e a testagem ampla. Elas estão sendo usadas em conjunto nos países que têm tido mais sucesso nesse controle. Vou tentar explicar como cada uma delas potencializa o poder de fogo da outra.

A testagem ampla é uma arma poderosa. Com ela visamos a identificar o maior número possível de pessoas infectadas, tanto os casos mais sérios quanto os mais leves, identificar seus contatos e garantir que todos realmente fiquem isolados. O passo seguinte consiste em testar esses contatos e identificar os contatos dos contatos que testarem positivo, colocando-os em isolamento para serem testados no futuro. E assim podemos estender essa cadeia (é o chamado "*contact tracing*", rastreamento de contato). Quanto mais testes, mais ramificada e longa será essa cadeia, e quanto mais desses ramos forem interrompidos (ou seja, quando um infectado não transmite para mais ninguém), menor a taxa de transmissão do vírus e menor o número de casos.

Essa estratégia exige organização mas potencializa os benefícios do isolamento generalizado, e vice-versa. Enquanto o isolamento generalizado diminui o número de casos a serem testados, permitindo que um número menor de contatos seja acompanhado pelo sistema de testagem ampla, a testagem ampla pode permitir o relaxamento gradual do isolamento generalizado. Uma arma multiplica o poder de fogo da outra. Isso funcionou na China, em Hong Kong e em Singapura, e se acredita que seja uma das razões do sucesso relativo da Alemanha e da Inglaterra. Essa estratégia já vem sendo usada no sistema privado de saúde, no entorno do presidente Bolsonaro e é bem conhecida entre os epidemiologistas.

Veja o caso da comitiva de Bolsonaro. Quando uma pessoa testou positivo, toda a comitiva, mesmo os membros sem sintomas, foi testada. Mais de vinte pessoas sem sintomas foram identificadas como positivas e colocadas em isolamento. Muito provavelmente pessoas que não estavam na comitiva, mas eram contatos de outras que testaram positivo, também foram testadas e estão em isolamento. Por que esse mesmo procedimento não pode ser estendido ao resto da população, ou a uma parte dela?

Em São Paulo a resposta da Secretaria da Saúde quando confrontada com o problema é lacônica e derrotista: não temos testes suficientes. Isso simplesmente não é aceitável. Um estado capaz de se mobilizar para comprar em poucos dias centenas de respiradores para os doentes graves, capaz de reorganizar todo o Instituto Central do Hospital das Clínicas para acolher centenas de casos graves, e capaz, com auxílio da iniciativa privada, de construir dois hospitais em ritmo chinês, um no Pacaembu e outro no Anhembi, simplesmente não pode se contentar com uma desculpa como essa.

Os Estados Unidos testavam mil pessoas por dia em 12 de março e hoje, dia 31, testam mais de 110 mil pessoas por dia. Não é impossível. Tampouco ajuda dizer que testes foram encomendados, que testes rápidos vão chegar, e ir jogando a resposta para o futuro.

Enquanto os laboratórios privados fazem milhares de testes por dia e, se incentivados e organizados, teriam como dobrar ou triplicar sua capacidade, a resposta do setor público nessa área é pífia. No Adolfo Lutz existem mais de 12 mil amostras esperando para serem testadas enquanto seus laboratórios, pelo que se sabe, são capazes de processar menos de mil. São mais de doze dias de fila. Inaceitável. Os cientistas dos laboratórios de biologia molecular das universidades do estado de São Paulo estão se organizando para ceder seus equipamentos e ajudar na crise, mas passados dias de tal oferta quantas amostras estão sendo testadas nessa rede? Se montamos hospitais com ventiladores pulmonares rapidamente, por que não montamos uma estrutura de teste rápida (com resultados fornecidos em no máximo 24 horas) e robusta (capaz de testar dezenas de milhares de pessoas por dia)?

O fato de pessoas estarem sendo entubadas sem um teste positivo e de pacientes estarem morrendo sem que o resultado do seu teste tenha sido recebido pelo hospital, além de todos os casos suspeitos que não são internados não estarem sendo testados, identificados e isolados, é um sinal claro da letargia gerencial. Afinal, quem é responsável por organizar o sistema de testes do estado de São Paulo? Essa pessoa deve ter autoridade e se dedicar a isso dezoito horas por dia. Precisa ter um nome e aparecer diariamente na televisão para anunciar o número de testes realizados no dia por cada laboratório, quantos deram positivo, o tamanho da fila, quantas pessoas serão testadas no dia seguinte e como progride o processo de "*contact tracing*". Tudo isso com a mesma seriedade com que são anunciados os novos casos, o número de mortes e o quanto a população está cumprindo o isolamento social.

Só com muitos testes saberemos o que nos espera no futuro próximo e nos organizaremos para poder sair do isolamento social de maneira segura. Passado o pico inicial, só com o sistema de testes será possível monitorarmos os casos que aparecem, controlando rapidamente os pequenos focos que surgirão, antes que se transformem em novos surtos de epidemia.

É bom lembrar que, quando suspendermos o isolamento social, a única arma que teremos para conter os focos de infecção pelo coronavírus será o sistema de testes. Nós não sairemos desse isolamento profundo e a economia não se recuperará com segurança se não montarmos um enorme e poderoso sistema de testes. Quanto mais cedo levarmos isso a sério, melhor.

Que chance tenho de morrer pelo novo coronavírus?

2 de abril de 2020
O Brasil tinha 7910 casos confirmados de covid-19 e 299 mortos pela doença.

Qual minha chance de morrer durante a pandemia? Aparentemente a resposta é muito simples, basta dividir o número de pessoas que morreram pelo número de pessoas com a doença. O governo e a imprensa nos fornecem todo dia uma conta desse tipo. Em 31 de março o governo contabilizava 5717 casos e 201 mortes. Dividindo um pelo outro a taxa de mortalidade anunciada é 3,51%. O problema é que esse número é superestimado e a conta está conceitualmente errada. Vou tentar explicar a razão.

Para medir a taxa de letalidade do vírus, o certo seria um cientista imaginário selecionar um grupo representativo de brasileiros, infectar simultaneamente todas essas pessoas com o novo coronavírus e acompanhar o que acontece com o grupo ao longo do tempo. Após dois meses o experimento estaria terminado. Uma parte das pessoas estaria curada e outra, morta. O processo de infecção, tratamento, cura e morte teria sido levado até seu final para cada membro desse grupo. Aí você conta quantos morreram, desconta os que morreram por outras razões e divide pelo total de pessoas do grupo. Essa é a verdadeira taxa de letalidade do vírus.

O problema é que durante uma pandemia a realidade é outra. O que existe é um grupo de pessoas que são infectadas sequencialmente, o número de contaminados cresce a cada dia e é desconhecido. Depois de algumas semanas, quando parte dos enfermos procura um hospital, são identificados os primeiros casos. Aproximadamente um mês após as primeiras infecções começam a aparecer os primeiros mortos. Nessas condições, a conta fica muito mais difícil.

Para entender parte da dificuldade, vamos voltar ao experimento feito pelo cientista imaginário. Considere que o grupo de pessoas foi infectado pelo vírus no dia 1, mas a sociedade, preocupada, quer saber logo os resultados. Assim, após dez dias o cientista vai ver o que está acontecendo. Observa que grande parte das pessoas não tem sintomas, algumas têm sintomas graves e nenhuma morreu. Nesse dia, se ele calcular a taxa de letalidade ela vai ser zero (é o que aconteceu em São Paulo antes da primeira morte). Ainda sob pressão, ele volta a fazer as contas dias depois e descobre um número de pessoas entubadas e algumas mortes. A taxa vai ser maior. E assim ele vai calculando uma taxa de letalidade, que vai aumentando dia a dia, até o final do experimento. Como no mundo real o número de pessoas infectadas não é fixo, e o mesmo ocorre com as mortes, o "experimento" real não tem início ou fim definido. Além disso a quantidade de infectados cresce a uma taxa desconhecida e só contamos os mortos. Nessas condições os epidemiologistas não conseguem cravar um número certeiro para a taxa de letalidade do vírus, somente fazer uma estimativa a partir de modelos matemáticos.

Mas esse não é o único problema. É preciso lembrar que existem duas taxas de letalidade. Uma é a do vírus SARS-COV-2 (descrita acima) e outra é a taxa de letalidade da covid-19, a doença causada pelo vírus. Essas duas taxas são diferentes conceitualmente e só seriam iguais numericamente se todas as pessoas infectadas pelo vírus desenvolvessem a covid-19, o que não ocorre. Muitas das pessoas infectadas pelo vírus apresentam sintomas leves ou nem sequer apresentam sintomas, e assim não procuram tratamento e não são classificadas como casos de covid-19.

Sabendo disso nosso cientista imaginário repete o experimento. Infecta as pessoas e volta dias depois para ver quantas estão com a covid-19. Encontra, por exemplo, somente 20%. Quando esse número se estabiliza ele o considera como o total de casos de covid-19 na sua população imaginária e espera para ver quantas delas morrem no fim do experimento. Divide o número de mortes pelo de pessoas que tiveram covid-19 e obtém a taxa de letalidade da doença. Um número diferente e muito maior que a taxa de letalidade do vírus SARS-COV-2.

E o que isso tem a ver com minha chance de morrer? Como atualmente o governo só está testando as pessoas que são internadas, as taxas que são calculadas e apresentadas pela imprensa a cada dia são uma versão simplista e muito aproximada da taxa de letalidade da covid-19, e não da taxa de letalidade do vírus. E o que me interessa é a taxa de letalidade do vírus, pois quero saber a chance de morrer se for infectado, e não a chance de morrer se for internado.

Além disso o número calculado pelo governo só pode ser considerado uma aproximação da taxa de letalidade da covid-19 se todas as mortes estiverem sendo computadas corretamente e todos os casos da doença estiverem sendo testados e diagnosticados. Sabemos que não é assim. Portanto os números divulgados a cada dia subestimam grosseiramente os infectados assintomáticos, além de terem erros no total de mortes e casos de covid-19. Eles simplesmente não servem para sabermos nossa chance de morrer durante a pandemia. Só servem para confundir a população.

Então, o que há de mais sólido? Os melhores números são provavelmente os calculados pela OMS após a visita de sua missão à China. O estudo indica que 80% das pessoas infectadas apresentam casos leves ou assintomáticos, 20% são internadas, 6,1% são entubadas e 2% morrem. Esses percentuais vieram do surto em Wuhan, onde a epidemia começou, se desenvolveu e acabou, tal como o experimento do nosso cientista imaginário. Os epidemiologistas chegaram a eles analisando os números no final da epidemia e fazendo as contas simples descritas acima. Mesmo esses percentuais podem estar superestimados, pois muito provavelmente uma parte das pessoas que se infectaram com o vírus em Wuhan não foi testada e o total de infectados pode ter sido maior.

A próxima oportunidade de obtermos números confiáveis virá da Itália, onde a quantidade de casos está diminuindo e talvez a epidemia acabe em algumas semanas (vamos torcer). Os números da Itália serão mais confiáveis porque agora já existem testes para identificar todos os infectados, mesmo que não tenham tido sintomas (são os tais testes rápidos que detectam anticorpos). Na Itália vamos saber quantas pessoas foram realmente infectadas durante o surto, quantas foram internadas com covid-19, quantas foram casos leves ou assintomáticos e quantas morreram. Com essas medições diretas do que ocorreu no norte da Itália será possível ter um número confiável para a taxa de letalidade do vírus e a taxa de letalidade da covid-19. Essa coleta de dados já está em andamento. É provável que eles só estejam disponíveis após o auge do pico de casos no Brasil. E ainda vai sobrar a dúvida: quão diferente é a Itália do Brasil?

Desculpe a má notícia, mas ainda vai demorar para sabermos com um grau razoável de certeza nossa chance de morrer em decorrência da pandemia. O lado bom é que os dados chineses indicam que esse número deve ser menor que 2% e provavelmente até menor que 1% — bem menos que os 3,51% divulgados pelo governo. Mesmo assim, fique em casa.*

* Mais informações: Thibaut Jombart et al., "Inferring Cases from Recent Deaths", CMMID Repository, em revisão. London School of Hygiene and Tropical Medicine, 3 mar. 2020. Disponível em: <https://cmmid.github.io/topics/covid19/cases-from-deaths.html>. Acesso em: 2 jun. 2020.

Infectados anônimos e os testes de baixa qualidade

4 de abril de 2020

O Brasil tinha 10 278 casos confirmados de covid-19 e 432 mortos pela doença.

O que todos gostariam de saber é o número real de pessoas que estão sendo infectadas pelo novo coronavírus. Obter esse dado não é uma simples curiosidade científica: dele depende a estratégia que adotaremos para sair do distanciamento social e da crise econômica. Diversos países estão iniciando pesquisas para descobri-lo. No Brasil epidemiologistas foram financiados para fazer esse levantamento, mas estão esbarrando em um problema: a baixa qualidade dos testes rápidos que foram importados pelo governo brasileiro.

Na China, durante a epidemia em Wuhan, entre todas as pessoas que testaram positivo, 80% tiveram sintomas leves e puderam ser tratadas em casa. O problema é que somente foram testadas pessoas com sintomas, e já sabemos que há quem apresente sintomas tão leves, ou mesmo sintoma algum, que nem sequer é testado. Essas pessoas não entram na estatística dos infectados. Uma possibilidade é que o número de casos nesse perfil seja muito baixo e portanto o total de infectados seja próximo do total de testados. Mas pode ser que não. Imagine se para cada testado positivo existirem outras dez pessoas que também foram infectadas. Se esse for o caso, em Wuhan não houve somente os 85 mil infectados já detectados, mas sim 850 mil. Se esse número for realmente grande, as taxas de letalidade são muito menores que as estimadas, e a doença é muito menos séria do que imaginamos. Além disso, se esse número for grande fica mais fácil organizar a saída do isolamento, pois o número de pessoas imunes após o pico pode ser muito maior.

No Brasil, onde estamos testando somente os doentes sérios, nem sequer sabemos a quantidade de casos leves que existem, quanto mais os casos que passam despercebidos, os infectados anônimos.

Para descobrir a quantidade total de infectados, a solução clássica usada por epidemiologistas é testar uma amostra da população selecionada ao acaso. Você vai em uma cidade, escolhe ao acaso mil pessoas e testa todas elas, independentemente de terem ou não apresentado sintomas. O objetivo é descobrir se elas já possuem anticorpos contra o novo coronavírus. Para isso é necessário usar um desses testes rápidos que detectam a presença de anticorpos. Eles são parecidos com testes de gravidez vendidos em farmácia, mas em vez de umas gotas de urina é colocada uma gota de sangue tirada da ponta do dedo. Se a pessoa tiver o anticorpo, aparece a listinha colorida. E ter o anticorpo significa que seguramente a pessoa foi infectada; quem não tiver, não foi. Você pode até perguntar para a pessoa se ela teve algum sintoma, mas isso não é o essencial.

Feitos os testes na amostra aleatória, você extrapola esse número para toda a população e calcula a fração que já foi infectada. É muito parecido com uma pesquisa de intenção de voto feita por institutos como o Ibope ou o Datafolha (que poderiam ajudar nessa empreitada), mas em vez de perguntar em quem a pessoa vai votar você pica o dedo e o teste "pergunta" para a gotícula de sangue se o indivíduo já teve contato com o novo coronavírus. Da mesma maneira que os institutos de pesquisa acertam as intenções de voto indagando alguns milhares de pessoas, esse estudo vai informar a porcentagem da população que já "viu" o vírus. E, se você repetir o estudo a cada mês, vai saber como esse número varia ao longo do tempo e vai poder usar esse dado para planejar a saída do isolamento.

Tais estudos são fáceis de fazer e ainda não foram executados, pois nos primeiros meses da pandemia, como era de se esperar, os primeiros testes desenvolvidos tinham como objetivo saber se a pessoa estava infectada. Só agora testes que detectam os anticorpos produzidos *após* a infecção ficaram disponíveis, e os diferentes países estão iniciando estudos desse tipo em seus territórios e se preparando para sair do isolamento.

No Brasil dois grupos de epidemiologistas se organizaram para executar estudos dessa natureza. Um deles em Pelotas (RS) e outro na cidade de São Paulo. O governo federal incentivou esses grupos a iniciar os levantamentos e prometeu fornecer os testes necessários.

Mas essa semana surgiu uma barreira difícil de superar. Aparentemente, como já foi anunciado pelo governo federal, os testes importados que chegaram ao Brasil não funcionam como esperado. Eles não detectam os anticorpos em todos os pacientes que sabidamente o possuem, ou seja, produzem muitos resultados falso-negativos, o que ocorre quando o teste não detecta o anticorpo em uma pessoa que sabidamente o possui. Já o nível de falso-positivos (quando o teste indica a presença de anticorpos em pessoas que sabemos por outros meios que não o possuem) não parece ser tão alto. Ou seja, se os epidemiologistas usarem esses testes, uma grande parte das pessoas que foram infectadas não será identificada (esse problema, é claro, também afeta o uso dos testes nos hospitais). Se os resultados falso-negativos forem pouco frequentes, os estatísticos podem corrigir esse erro na análise, mas se forem recorrentes, como parece se dar nos primeiros testes importados, não vale a pena iniciar os estudos.

O problema é que a Anvisa, a agência que atesta a eficácia de remédios e testes no Brasil, não divulgou os resultados nos quais se baseou para aprovar a importação desses testes. Em tempos normais a Anvisa não somente investiga os resultados fornecidos pelos fabricantes, mas também refaz esses estudos em laboratórios brasileiros antes de liberar a importação. A suspeita é que, na pressa, o Brasil tenha aprovado e comprado gato por lebre. Talvez parte dos testes que estão chegando no país seja pouco útil ou mesmo inútil. O Ministério da Saúde já avisou sobre a limitação do material. Logo saberemos a extensão do problema, pois os hospitais e laboratórios de análise clínica geralmente validam os testes antes de começarem a colocá-los em uso em larga escala.

No meio-tempo, esses dois estudos essenciais para termos dados capazes de nos ajudar a montar a estratégia de relaxamento do distanciamento social estão esperando para serem iniciados. Infelizmente ainda vai demorar para descobrirmos quantos brasileiros realmente estão sendo infectados pelo vírus. Cabe à Anvisa explicar exatamente o que aconteceu na liberação desses testes rápidos. A esperança é que os outros testes que estão sendo importados sejam de melhor qualidade.

Rascunho de uma estratégia

7 de abril de 2020

O Brasil tinha 13 717 casos confirmados de covid-19 e 667 mortos pela doença.

Nas últimas semanas, a dura realidade antevista pelos cientistas se concretizou: não vai ser possível impedir o espalhamento do coronavírus pelo planeta. Ele vem numa onda avassaladora, o número de casos e de mortes aumenta rapidamente e está provocando o colapso do sistema de saúde. A única medida capaz de amenizar esse colapso é o isolamento social, que espaça os casos da covid-19 ao longo do tempo, diminuindo a sobrecarga no sistema de saúde e o número total de mortes (o tal achatamento da curva). Essa medida foi implementada pelos governantes mais esclarecidos, que estão colhendo os frutos.

Mas a ciência tem mais a oferecer para lidarmos com a pandemia após a primeira onda. São esses conhecimentos que vão nos permitir escolher a melhor estratégia para sair da crise. O indicador de sucesso é simples de enunciar, mas difícil de executar. Sucesso consiste em obter rapidamente um alto grau de imunidade de rebanho na população e ao mesmo tempo minimizar o número de mortes. O país que conseguir se guiar por esse índice sairá da crise antes e com o mínimo de mortes.

Quando um novo vírus ataca uma população, ele só deixa de se espalhar se não encontra mais pessoas para infectar. Isso ocorre quando uma parte razoável da população se torna imune ao vírus. Conforme as pessoas são infectadas, curadas e se tornam imunes, fica mais difícil para o vírus achar novas vítimas. Quando essa imunidade chega a aproximadamente 80% da população, a pandemia simplesmente desaparece. O isolamento social tem a função de retardar a propagação do vírus, diminuindo o pico e nos dando tempo para nos organizarmos. Entretanto, a longo prazo, a pandemia só acaba quando 80% das pessoas estiverem imunes. As vacinas têm o papel de aumentar o número de pessoas resistentes para 80% ou 100% sem que elas sejam de fato infectadas pelo vírus, e remédios que curam uma doença têm o papel de permitir que todos os infectados não sofram uma forma grave da enfermidade, tornando-se resistentes ao vírus sem o risco de morrer. Infelizmente ainda não temos nem vacina, nem esse remédio. Mas os cientistas concordam que, antes de 80% das pessoas se tornarem imunes, o vírus não será controlado.

Esse fato não tem sido discutido fora dos meios acadêmicos. A razão é que os governos não querem provocar o pânico na população afirmando que todos acabaremos infectados. Outra razão é que governantes cientificamente despreparados têm dificuldade para aceitar a realidade, preferindo viver de ilusões. Quando Angela Merkel declarou, semanas atrás, que 70% dos alemães seriam infectados, essa foi a razão de sua afirmação. Ela é a única líder mundial com formação científica. Essa semana nosso ministro da Saúde repetiu a informação.

A questão é como chegar a 80% de pessoas infectadas evitando o maior número de mortes. O que pode nos ajudar a trilhar esse caminho de maneira segura? Vamos assumir que uma vacina e um remédio certeiro não cheguem a tempo, pois nesse caso o cenário é outro.

A primeira medida é conseguir tratar todos os doentes sérios. Para isso o mais importante é não relaxar o distanciamento social antes do tempo, o que pode levar ao aparecimento de uma segunda onda de casos e uma nova fase de distanciamento. Isso seria trágico.

A segunda providência é medir periodicamente a fração de pessoas que já foram infectadas e que estão imunes ao vírus. Como existem muitos casos assintomáticos ou com poucos sintomas, não podemos confiar no número de doentes identificados na porta dos hospitais ou testados quando os sintomas aparecem. É preciso medir diretamente a fração da população que já está imune. Isso pode ser feito escolhendo pessoas ao acaso, testando-as e descobrindo quantas já estão imunes ao vírus. É um método parecido com o usado em pesquisas eleitorais (veja meu último artigo para saber os detalhes). Os dados vão nos permitir saber como estamos caminhando em direção ao objetivo de 80% de pessoas imunes. Esses estudos estão sendo planejados tanto por um grupo no Rio Grande do Sul quanto por um grupo em São Paulo.

A terceira medida importante é acompanhar e divulgar as melhores práticas de tratamento dos pacientes mais graves. Só agora os médicos brasileiros estão frente a frente com casos graves da doença e é bem sabido que os protocolos de tratamento vão melhorando a cada dia, à medida que pequenas mudanças incrementais no tratamento forem sendo adotadas nos hospitais e unidades de terapia intensiva. São medicamentos que ajudam um pouco, novos procedimentos e assim por diante. Esse progresso incremental é inexorável e pode reduzir bastante o número de óbitos. Por isso é muito importante que os melhores hospitais do Brasil compartilhem rapidamente suas experiências com toda a rede médica. Isso vai salvar vidas nos grupos de risco.

Finalmente é importante nos organizarmos para que as pessoas dos grupos de risco sejam as últimas a serem infectadas.

Idealmente elas não deveriam chegar aos hospitais antes de a primeira onda já ter passado, pois só então os hospitais estarão menos sobrecarregados. Além disso, se essas pessoas forem as últimas a sofrer a doença, chegarão aos hospitais quando nossos médicos já terão aprendido a administrar os casos graves, e a letalidade desses casos já terá diminuído. Portanto é preciso isolar com especial cuidado as pessoas desses grupos. Temos que garantir que elas serão as últimas a serem alcançadas pelo vírus, mas não podemos nos iludir que elas serão poupadas.

Esse é o rascunho da receita geral e dos indicadores que estão sendo usados para lidar com a pandemia nos países com uma cultura científica sólida. Fazer isso no Brasil é um enorme desafio, pois, como sempre me lembram os leitores, falar é fácil, fazer é que são elas. Os países que melhor executarem essas estratégias serão os vencedores.

Resposta retardada

10 de abril de 2020

O Brasil tinha 19 638 casos confirmados de covid-19 e 1056 mortos pela doença.

No Brasil e no mundo os governos têm se deparado com a difícil decisão de quando iniciar e terminar as medidas de distanciamento social. O norte da Itália, Londres e Nova York demoraram para iniciar o isolamento e foram atingidos por um crescimento exponencial de casos. Muitas cidades que nem sequer possuem casos de covid-19 e estão com os hospitais vazios já iniciaram o isolamento. Outras estão esperando aparecer os primeiros casos. Qual a decisão correta?

A grande dificuldade enfrentada pelos governos é um fenômeno pouco familiar no nosso dia a dia, que é lidar com sistemas que apresentam resposta retardada. Em uma sentença, é o seguinte: qualquer medida tomada hoje leva pelo menos quinze dias para ter efeitos observáveis e, quando revertida, demora mais quinze dias para que os efeitos da reversão sejam sentidos na prática.

Aqui vai uma analogia que ajuda a entender o problema. Imagine uma caixa de água com um registro na saída. Ligado a esse registro temos um cano muito longo. Ao abrirmos o registro, a água só sai na outra ponta do cano quinze dias depois (é longo mesmo!). Aí você imagina uma pessoa na ponta do cano (João) e outra pessoa controlando o registro (Maria). Elas desconhecem o comprimento do cano mas possuem um telefone para conversar. No início desse experimento imaginário o registro está fechado e João, na ponta do cano, quer encher um balde com água. Então ele liga para Maria e diz: "Maria, abre um pouco o registro". Maria abre. Minutos depois João reclama: "Maria, você abriu o registro?". "Sim, abri um pouco." "Mas Maria, a água não está chegando, abre mais um pouco." Ela obedece. E essa rotina se repete ao longo de quinze dias, com João desconfiando da honestidade de Maria, que já abriu o registro completamente.

Duas semanas depois, as primeiras gotas de água começam a sair do cano. Mas aos poucos a água passa a jorrar em maior volume e João fica preocupado, o balde vai transbordar. Ele espera um pouco, mas o volume de água continua a aumentar, afinal quinze dias atrás ele tinha pedido para Maria abrir mais o registro. Logo João entra em pânico, o volume crescente de água que jorra do cano encheu o balde, que transbordou e a enxurrada pode alagar tudo. Aí ele liga para Maria: "Maria, tem água demais por aqui, fecha já esse registro". Ela fecha, mas a quantidade de água que sai do cano continua a crescer. "Maria, você tem certeza de que fechou o registro?" Ela jura que sim. E a água continua a jorrar com um fluxo crescente por mais quinze dias, derrubando o balde e alagando a casa de João.

Nessa fábula nenhum dos dois entendia direito que as ações de Maria, comandadas por João, tinham uma resposta retardada em quinze dias. E mais: eles não tinham ninguém ao longo do cano informando o fluxo de água a cada momento. Nessa analogia, João é tanto o sistema de saúde preparado para tratar os casos de covid-19 nos diversos hospitais quanto as pessoas isoladas, ambos observando a ausência de um número significativo de casos. É também as pessoas preocupadas com a crise econômica que precisam de água para irrigar a economia e evitar a recessão que ameaça o país. O registro fechado é o isolamento social. Maria representa os governantes que mantêm os registros fechados. Os dois Joões pressionam Maria para abrir o registro. Ela tem poder para decidir, foi eleita para governar. Se liberar o distanciamento social, abrindo o registro, vai demorar quinze dias para os casos aparecerem nos hospitais. Mas se chegarem em grande quantidade, num jorro, no hospital e ela decidir reverter a decisão, fechando o registro novamente, os casos vão continuar a crescer exponencialmente por mais duas semanas, para desespero de todos.

Uma das ferramentas que pode ajudar Maria e João a operar o registro de maneira científica é a instalação de pontos de monitoramento nesse longo cano, que possam informar qual o fluxo de água a cada momento. No mundo da epidemia esses pontos de monitoramento são baseados na testagem contínua da população. Logo perto do registro o controle possível é medir a taxa de transmissão do vírus na população. Quando ela aumenta, sabemos que mais água vai chegar no ponto seguinte: o aumento de casos leves da doença, que ocorre dias depois. Na sequência, com o intervalo de alguns dias mais, aumentam os casos de hospitalização, mais adiante aumentam os casos graves e finalmente, logo antes da boca do cano, é possível observar o aumento de mortes, um passo antes do transbordamento e da inundação: a saturação dos hospitais e o colapso do sistema de saúde.

Os epidemiologistas sabem como montar esses pontos de monitoramento, já fazem isso para doenças como a gripe e outras, mas no meio dessa crise está sobrando pouco espaço mental, dinheiro e agilidade para organizar os pontos de gerenciamento capazes de ajudar os governos a administrar o isolamento social. Essa é uma tarefa para epidemiologistas, engenheiros e estatísticos, que, claro, precisam ser orientados por médicos, e deve correr em paralelo ao esforço brutal que é administrar a avalanche de casos que vão aparecer nas próximas semanas. A China está montando um sistema como esse e já calcula a cada dia a taxa de propagação do vírus e até o aparecimento de casos assintomáticos. Sem isso vai ser mais difícil administrar com sabedoria a saída do isolamento social.

O passaporte coronavírus

14 de abril de 2020

O Brasil tinha 25 262 casos confirmados de covid-19 e 1532 mortos pela doença.

A ideia surgiu na Inglaterra, depois na Itália e agora é discutida nos Estados Unidos. Ela é bastante simples: fornecer a quem já foi infectado pelo novo coronavírus um documento atestando que a pessoa está livre para circular e excluída de todas as medidas de contenção por já estar imune à doença. Essas pessoas poderiam assumir as funções essenciais na sociedade e seriam as primeiras a sair da quarentena. À medida que a população fosse sendo infectada e curada, mais pessoas teriam esse "passaporte para a liberdade", e a sociedade poderia liberar o distanciamento aos poucos, sem nenhum risco.

No Brasil nós já temos um documento como esse que atesta que estamos livres de inúmeros vírus. Ele se chama carteirinha de vacinação. Sem ela as crianças não podem frequentar a escola, pois podem contrair doenças e passar para os outros. Os adultos também têm essa carteira, porque são vacinados anualmente contra gripe e outras enfermidades. Quando a vacina contra o coronavírus estiver disponível, cada um de nós terá em sua carteira de vacinação um pequeno carimbo indicando que foi vacinado e não representa perigo para a comunidade. Mas hoje não temos ainda a vacina e a única maneira de nos tornarmos imunes ao novo coronavírus é contrairmos a doença. Eu, pessoalmente, se tivesse certeza que não cairia no grupo dos 20% que precisam de tratamento hospitalar, iria tentar me infectar o mais rápido possível; mas com um quinto das pessoas infectadas sendo hospitalizadas e aproximadamente 1% ou 2% vindo a falecer, estou aqui quietinho na minha quarentena.

O problema para implementar tal passaporte/carteirinha é como descobrir se cada pessoa já foi infectada. Em teoria bastaria testar regularmente os 220 milhões de habitantes do Brasil. Aí quem apresentasse anticorpos contra o vírus poderia receber o carimbo na carteira e estava liberado, não somente de novos testes, mas também da quarentena. Um mês depois todas as pessoas seriam testadas novamente para saber quem contraiu a doença sem apresentar sintomas no mês anterior (os com sintomas já são testados na entrada do hospital e receberiam o carimbo no dia da alta). E esse processo seria repetido até todos terem o carimbo e a sociedade voltar ao normal. Nesse momento a doença estaria totalmente sob controle e todos nós, imunizados. E se isso ocorrer de forma gradual, os hospitais terão leitos suficientes para tratar todos os doentes.

Mas é impossível. E a razão é o pequeno número de testes disponíveis. Dificilmente essa quantidade absurda de centenas de milhões de testes estará disponível nos próximos meses. Além disso, enquanto a proporção de brasileiros infectados ainda for muito baixa, testar todo mundo seria um desperdício enorme de recursos. E tem outro problema: que se saiba, por enquanto nenhum país sabe a fração de sua população que foi infectada pelo vírus. O que conhecemos hoje é o número de pessoas com sintomas que foram testadas, mas nessa conta não entram os infectados que apresentam sintomas leves. Se temos, por exemplo, 30 mil pessoas que testaram positivo, quantas serão as pessoas realmente infectadas, 300 mil ou 3 milhões?

Mas existe uma solução capaz de começar a resolver esse problema com um número pequeno de testes. Ela consiste em selecionar ao acaso na população um grupo de pessoas e testá-las para a presença de anticorpos contra a covid-19. Se testarmos quinhentas pessoas selecionadas realmente ao acaso em uma cidade e 25 delas apresentarem o anticorpo, podemos dizer que 5% da população já foi infectada. Se a cidade tiver 1 milhão de habitantes podemos ter razoável certeza de que há 50 mil pessoas que já foram infectadas, e se só tiverem sido identificadas 20 mil pessoas com a doença, podemos inferir que 30 mil outras tiveram a doença sem perceber.

É exatamente isso que dois grupos de cientistas estão fazendo no Brasil. Além de um grupo que está realizando esse experimento no Rio Grande de Sul e já começou a coletar as amostras na região, outro está pronto para iniciar o mesmo estudo na cidade de São Paulo, esperando apenas a aprovação da Conep, Comissão Nacional de Ética em Pesquisa. Ela é um órgão do Ministério da Saúde que avalia do ponto de vista ético todas as pesquisas feitas no Brasil com seres humanos, para garantir que as pesquisas tragam real benefício para indivíduo e sociedade. Nesse caso as pessoas que doarem sangue para a pesquisa saberão se já estão imunes ao vírus, e a sociedade poderá se organizar para relaxar o distanciamento social. O bom é que durante essa crise a Conep tem sido muito ágil na aprovação de estudos científicos que ajudem nossa luta contra a pandemia.

A vantagem de se conduzir esse levantamento é que saberemos quantas pessoas já foram infectadas pelo vírus em São Paulo (incluindo os assintomáticos). Se o número for muito baixo, ainda temos um longo período de sofrimento pela frente, mas se for alto o fim da quarentena está logo adiante. Além disso vai ser possível decidir se já vale a pena testar mais pessoas e começar a colocar carimbinhos verdes nas carteirinhas de vacina. Muitos amigos meus estão torcendo para serem sorteados na pesquisa em São Paulo e terem o privilégio de saber logo se já estão imunes ao coronavírus. Mas não se preocupe, se você não for sorteado na primeira pesquisa pode ser nas seguintes, pois elas terão que ser repetidas com certa frequência. O importante é participar!

Nossas três opções

16 de abril de 2020

O Brasil tinha 30 425 casos confirmados de covid-19 e 1924 mortos pela doença.

Não existe dúvida de que o isolamento social é a única maneira de amenizarmos o tsunami de casos de covid-19 que está assolando a humanidade. A questão é como sair do isolamento sem que a pandemia volte com força total. Embora essa discussão seja complexa e recheada de modelos matemáticos, no fundo só existem três opções. Duas delas são de longo prazo e não temos como definir seu andamento. A terceira está sob nosso controle, mas depende de informações confiáveis para que o desfecho seja favorável.

A primeira opção é esperar o desenvolvimento de uma vacina e simplesmente imunizar a população. Isso leva tempo e o cronograma não pode ser adiantado. Não falta dinheiro para os mais de setenta grupos de cientistas que estão trabalhando para isso, mas não garante que tenhamos uma vacina com eficácia e segurança comprovada antes de doze a dezoito meses. Pode levar mais tempo, pode levar menos, é quase impossível prever. E, depois da vacina pronta, vão ser meses para se produzir as doses necessárias e aplicar em toda a população. Essa opção, portanto, está fora de nosso controle.

A segunda opção consiste em esperar que surja uma ou mais drogas que ajudem no tratamento da covid-19 e que, com seu uso, a taxa de mortalidade seja reduzida em uma ordem de magnitude. Isso permitiria a liberação do distanciamento sem incorrer em um grande número de mortes. Tampouco falta dinheiro e esforço nessa direção, mas, como no caso da vacina, isso pode ocorrer logo ou levar muitos meses ou anos. Também está fora de nosso controle.

A terceira opção é afrouxar o isolamento e administrar o número de novos casos que vão aparecer de modo a evitar que o sistema hospitalar colapse. Na sua essência essa opção consiste em deixar crescer lentamente a chamada imunidade de rebanho. Ou seja, deixar que a população se infecte com o vírus, de modo que 70% a 80% dos casos, que são leves e se recuperam em casa, reduzam a transmissão. Esse fenômeno acontece porque, à medida que uma fração crescente da população se torna imune ao coronavírus, ele encontra menos pessoas para infectar e a propagação diminui de velocidade.

Hoje essa é a única opção sobre a qual a humanidade tem algum controle, e ela pode ser implementada após esse primeiro pico de casos. Pode ser que surjam outros recursos, mas que eu saiba por enquanto todas as estratégias giram em torno desses três. E, dada a crise econômica decorrente da paralisação econômica, a imunidade de rebanho tende a ser o caminho adotado ao redor do mundo.

Como bem lembrou o diretor-geral da OMS, para ter sucesso nessa estratégia é preciso que o governo, que tem o poder de abrir ou fechar a torneira do isolamento, tenha as informações necessárias para esse controle. Elas são basicamente de dois tipos: sobre a taxa de ocupação dos leitos de UTI e sobre a propagação do vírus. E elas precisam ser confiáveis e obtidas com a frequência adequada. A taxa de ocupação de UTIs é mais simples de acompanhar, pois basta organizar um sistema eficiente de coleta de informações em hospitais. Mas os dados sobre a propagação do vírus exigem experimentos que permitam medir isso. Essa é a especialidade dos epidemiologistas. Coletando dados frequentemente seremos capazes de fazer previsões sobre os casos que chegarão aos hospitais nas semanas seguintes, o que, combinado com a taxa de ocupação das UTIs, permitirá a tomada de decisões sobre o relaxamento do distanciamento social. É por isso que, enquanto os médicos estão lutando para salvar vidas nas UTIs, é necessário que os epidemiologistas estejam se organizando para coletar os dados sobre o progresso do espalhamento do vírus na população.

Um dos dados essenciais para orientar as ações governamentais é a fração da população que já foi infectada pelo vírus em cada momento. Quanto maior esse número, mais difícil será para o vírus continuar a se espalhar e maior pode ser o relaxamento. O problema é que somente testar as pessoas que chegam ao hospital com casos moderados e graves subestima muito esse percentual, porque sabemos que existem muitos casos assintomáticos, e essas pessoas não entram nas estatísticas coletadas nos hospitais.

Durante as últimas três semanas eu tenho ajudado um grupo de cientistas a organizar um projeto-piloto cujo objetivo é medir diretamente o número de pessoas já infectadas e que se curaram do coronavírus na região de São Paulo mais afetada pela pandemia. Se esse projeto-piloto for bem-sucedido, ele vai poder ser expandido para toda a cidade de São Paulo, ou para outros locais com muitos casos.

Esse grupo de cientistas é uma colaboração entre médicos e epidemiologistas da USP e da Unifesp, que desenharam o estudo, com participação do Ibope, e o Laboratório Fleury, que validou os testes disponíveis (isso levou nosso consórcio a não utilizar os testes rápidos e a optar por testagem em amostras de sangue como as coletadas rotineiramente nos laboratórios de análise clínica).

O projeto conta também com a ajuda de uma matemática que dedicou sua carreira ao planejamento e execução desse tipo de estudo. Funcionários do Ibope, juntamente com técnicos de enfermagem do Fleury, vão coletar as amostras de sangue. O Instituto Semeia custeou todo o projeto e auxiliou na sua estruturação.

Na semana que vem doze equipes de coleta vão visitar quinhentas residências sorteadas ao acaso nos bairros de São Paulo que hoje possuem o maior número de casos de covid-19: os bairros de Pinheiros e Lapa. Ao chegar à residência os enfermeiros vão explicar os objetivos do teste e sortear um dos habitantes da casa com mais de dezoito anos. Caso a pessoa concorde, coletarão uma amostra de sangue, após a assinatura de um termo de consentimento. Essa amostra de sangue será levada ao Laboratório Fleury, e a presença e a quantidade de dois tipos de anticorpos contra o novo coronavírus serão medidas. Alguns dias depois a pessoa ficará sabendo se possui esses anticorpos, e um "sim" indica que ela já foi infectada pelo coronavírus e está curada. Essa pessoa muito provavelmente já é resistente ao vírus.

Esse estudo-piloto tem como objetivo demonstrar que todo o processo, desde as visitas, a receptividade dos moradores, a coleta e a análise do sangue, pode ser executado eficientemente e a um custo baixo.

Caso o estudo corra como esperado, saberemos o número verdadeiro de pessoas já infectadas nessa região de São Paulo. E se esse estudo for repetido ao longo do tempo será possível acompanhar o aumento desse número. Essa informação poderá ajudar o governo a calibrar o relaxamento social.

Eu tenho aqui um pedido para meus leitores: por favor espalhem essa informação aos amigos. Pode ser que eles estejam entre os sorteados, e se for o caso eles podem colaborar nessa pesquisa recebendo a equipe, concordando em participar do estudo e doando uma pequena amostra de sangue. Dessa maneira estarão ajudando o governo a relaxar o isolamento com segurança.

Adendo: Um grupo de pesquisa, de Pelotas, no Rio Grande do Sul, acabou de divulgar os resultados de um estudo semelhante. Infelizmente, devido ao pequeno número de casos na região estudada, os resultados me parecem inconclusivos. Em somente duas das 4189 pessoas testadas foi detectado o anticorpo contra o coronavírus, o que é menos que o número esperado de falso-positivos (quando uma pessoa que você sabe que não tem o vírus testa positivo). O grupo usou um teste rápido, pouco sensível, e talvez esse tenha sido o problema. Ciência é assim, cheia de frustrações.

Receita alemã para abrir a economia

20 de abril de 2020

O Brasil tinha 40 581 casos confirmados de covid-19 e 2575 mortos pela doença.

A Alemanha vem reportando um número grande de casos de covid-19 e um número proporcionalmente pequeno de mortes. Por lá a pandemia não sobrecarregou o sistema hospitalar, que chegou a emprestar respiradores a outros países e a receber pacientes das nações vizinhas. Agora a Alemanha anunciou que vai abrir a economia aos poucos e parece ter certeza de que não vai sofrer uma segunda onda de casos. Isso três dias depois do pico de número de óbitos, que ocorreu no dia 16 de abril, quando morreram 315 pessoas. O pico de novos casos ocorreu no dia 29 de março, com 6294 novos doentes.

Como um país pode ter segurança para começar a relaxar o distanciamento social e abrir a economia alguns dias depois do pico de mortes? O segredo é a adoção, desde o início da pandemia, de um sistema organizado de monitoramento da propagação do novo coronavírus, capaz de guiar as ações de Angela Merkel. Hoje a Alemanha sabe a taxa de propagação do vírus a cada dia, monitora a imunidade de rebanho e usa esses dados para aferir a eficiência e a intensidade do distanciamento social, de modo a não deixar que os hospitais fiquem sobrecarregados. Isso é feito com programas de testagem muito bem organizados, cujo objetivo é fornecer informações para o governo. Com esse sistema a Alemanha acredita que já tem controle suficiente da propagação do vírus para abrir a economia.

Em dezessete caracteres, o plano da Alemanha é o seguinte: "Manter R = 1 até IR > 80". Vale a pena entender.

R é uma medida da taxa de propagação do vírus na população. É o número de pessoas para as quais alguém infectado transmite o vírus antes de se curar. Por exemplo, quando R = 2, uma pessoa doente infecta duas outras e o vírus se espalha nessa progressão: um caso gera dois, que geram quatro, que geram oito e assim por diante. Se R = 3, um caso gera três, que geram nove, e o vírus se espalha rapidamente.

A Alemanha afirma que já atingiu R = 1 com as medidas de contenção. Por lá, uma pessoa infectada só infecta *uma* outra pessoa. Nessa situação o número de infectados no país não cresce, e sim se mantém constante: para cada pessoa que entra no hospital, uma sai, e a ocupação dos leitos fica estável. Eles não aceitam R = 1,1 pois calcularam que se isso ocorrer os hospitais vão encher em poucos meses. Em outras palavras, a Alemanha acredita que consegue medir continuamente R e controlar o distanciamento para manter R ao redor de 1. Além disso, acredita que as medidas de relaxamento que está adotando não vão fazer com que esse número aumente.

O segundo parâmetro que a Alemanha monitora continuamente é de imunidade de rebanho (IR). Essa é uma medida da porcentagem dos habitantes que já foram infectados e provavelmente estão imunes ao vírus. Com R = 1 a imunidade de rebanho vai crescer gradativamente. A Alemanha vai monitorar o IR frequentemente até ele chegar a 70% ou 80%, mantendo o R = 1 durante esse período. Quando esse número for atingido, todas as medidas de distanciamento podem ser abandonadas. Não consegui descobrir quando eles esperam que isso ocorra.

Mas como a Alemanha consegue medir tão bem essas duas variáveis? Simples, com dois programas focados de teste. Para testar a imunidade de rebanho o experimento é o mesmo que está sendo realizado no Brasil pelos pesquisadores de Pelotas e de São Paulo. Você escolhe ao acaso uma amostra da população que deseja investigar, colhe o sangue dessas pessoas e verifica a presença de anticorpos. A fração das pessoas que possuem os anticorpos representa a fração que já teve contato com o vírus. Isso é feito em todas as cidades com uma certa frequência para acompanhar o crescimento da imunidade da população à medida que as pessoas vão contraindo o vírus e se curando.

A taxa de reprodução do vírus é medida testando todas as pessoas que apresentam sinais da doença, mesmo os casos mais leves. Se o critério de testagem for mantido constante e os testes forem feitos regularmente, é possível saber quantos casos surgem a cada dia e quantas pessoas estão infectadas a cada momento (esse número é derivado da mensuração da taxa de imunidade de rebanho). Com esses dados é possível calcular o R, a taxa de propagação. De posse da taxa de propagação o governo regula as medidas de distanciamento social de modo que o R permaneça próximo de um.

Esse é um resumo da receita alemã para lidar com o coronavírus nos próximos meses. Essa receita é conceitualmente simples, mas difícil de ser implantada, pois exige um nível de organização, diríamos, germânico. Agora, se ela funcionar, as mortes vão continuar poucas, todos os alemães vão ser tratados, os hospitais não serão sobrecarregados e o país vai recuperar mais rápido sua economia. Que eu saiba existe uma embaixada da Alemanha no Brasil, por que não pedir ajuda?

Escravos voluntários de três números

30 de abril de 2020
O Brasil tinha 85 380 casos confirmados de covid-19 e 5901 mortos pela doença.

Menos de uma semana depois de relaxar as medidas de distanciamento social a Alemanha teve que voltar atrás. Esse fato demonstra como nos próximos meses nossa vida será determinada por três números muito importantes. A Alemanha conhece os três e os usa para definir suas políticas de controle da epidemia. Aqui no Brasil só conhecemos um deles. Enquanto não formos capazes de medir os outros dois, nossa vida continuará ao sabor do palpite.

Quando registrou a primeira morte, em 9 de março, a Alemanha adotou medidas de distanciamento social. As mortes atingiram seu pico em 17 de abril e foram reduzidas para um terço do pico. Ao mesmo tempo, foram implantados programas de testagem capazes de medir diariamente a velocidade de propagação do vírus e o número de pessoas já infectadas. Duas semanas atrás, quando os indicadores apontaram uma diminuição nessa velocidade e hospitais sem sobrecarga, a Alemanha resolveu relaxar o distanciamento social. Mas bastou uma semana para que os indicadores apontassem um aumento na propagação. E, antes que esse aumento provocasse uma maior ocupação dos hospitais, o governo alemão anunciou ontem que seria necessário apertar novamente o distanciamento social. A Alemanha é a primeira sociedade ocidental que se tornou escrava voluntária de indicadores numéricos para tomar decisões. Esse rigor é bem-vindo, ele salva vidas. Mas quais são esses indicadores?

O primeiro é o índice de ocupação dos hospitais, o mais fácil de aferir e o único de que dispomos no Brasil. Ele é influenciado pelo número de pacientes que precisam de internação, pelo número de altas e de óbitos e pela expansão do sistema hospitalar. O importante é entender que as características desse vírus tornam impossível manter a taxa de ocupação baixa simplesmente aumentando o número de leitos, construindo hospitais de campanha, comprando ventiladores pulmonares e contratando médicos. O vírus se espalha tão rápido que, caso sua propagação não seja contida, construir mais hospitais equivale a enxugar gelo. Com aproximadamente 20% dos casos mais sérios necessitando internação e cerca de 5% destes demandando respiradores, nunca será possível construir hospitais suficientes. É preciso implantar o isolamento social.

O segundo dos três indicadores é o número de pessoas que são infectadas a cada dia. Medindo com precisão esse número é possível estimar o valor de R, que simplificadamente é o número de indivíduos que são contaminados por cada pessoa com a doença. Se $R > 1$ a epidemia aumenta, se $R < 1$ ela diminui e se $R = 1$ ela fica estável. Na subida da curva de novos casos, R é maior que 1. O distanciamento social diminui R para um valor próximo a 1 (quanto maior o isolamento, menor o número de pessoas que uma pessoa infectada contamina). Quando R fica abaixo de 1, o número de novos casos por dia diminui gradualmente e tende a se encaminhar para zero. O problema é que um aumento no valor de R só é refletido no número de internações e mortes após quinze dias e por esse motivo é preciso medir R diretamente quando as pessoas são infectadas. Só assim é possível agir antes de o aumento de casos inundar os hospitais duas semanas depois. Para medir R é necessário testar todas as pessoas com sintomas leves, mesmo que elas não sejam internadas, pois elas também transmitem a doença. E para isso é preciso um programa organizado de testes em que todos os casos positivos sejam registrados pelo governo em tempo real. O Brasil está longe de ser capaz de estimar R diretamente. E sem isso é impossível prever o que vai acontecer nos hospitais daqui a quinze dias.

O terceiro indicador é a fração da população que já foi infectada pelo vírus desde o início da epidemia, a chamada imunidade de rebanho (IR). Esse é o número de pessoas que já possuem anticorpos contra o vírus e dificilmente serão infectadas novamente no curto prazo. À medida que esse número aumenta, mais difícil fica para o vírus se espalhar na população, pois vai encontrar pela frente um número crescente de indivíduos já resistentes. E quanto mais gente for resistente, mais rapidamente pode ser relaxado o distanciamento. Vejamos um exemplo: no início da pandemia, quando IR < 10%, o funcionamento de lojas físicas pode levar a um aumento grande no número R e, portanto, deve ser evitado. Lojas físicas abertas vão ter um efeito muito menor no aumento de R quando uma parte maior das pessoas já tiver sido infectada (por exemplo quando IR = 50%). Esse terceiro indicador, a imunidade de rebanho, é o que o estudo-piloto que está começando a ser feito em São Paulo (veja meu artigo anterior) vai tentar medir. Outro estudo, organizado em Pelotas, está determinando IR para o Rio Grande do Sul e pretende expandir essa medida para o Brasil. Se esses estudos funcionarem a contento, poderão ser repetidos frequentemente e o país passará a saber o valor desse indicador.

Quando conhecermos esses três números será possível controlar a epidemia garantindo que os hospitais não ficarão superlotados, o que por sua vez deve diminuir muito o número de óbitos e permitir a abertura gradual da economia. É por isso que no próximo ano, até que surja uma vacina, seremos escravos voluntários desses três números. Eles ditarão a maneira como vamos viver. O mais importante é entender que cada um de nós pode influenciar no valor desses números respeitando as medidas de distanciamento social e participando nos estudos que estão sendo feitos.

Coronavírus exerce pressão evolutiva sobre o *Homo sapiens*

3 de maio de 2020

O Brasil tinha 101 147 casos confirmados de covid-19 e 7025 mortos pela doença.

A grande descoberta de Charles Darwin é que a evolução dos seres vivos ocorre por meio de um processo chamado seleção natural. Nossa espécie está constantemente sob pressão da seleção natural, mas em geral a pressão é tão sutil que não nos damos conta. Com o novo coronavírus isso mudou: estamos sentindo na pele (ou melhor, no pulmão) quão poderosa é essa força.

A pressão seletiva sobre uma espécie ocorre quando o ambiente se modifica, fazendo com que alguns membros da espécie tenham maior dificuldade de se adaptar às novas condições. Essa dificuldade tem reflexos na capacidade desses indivíduos de sobreviver (eles podem ter taxas de mortalidade maiores) ou de se reproduzir (podem ter taxas de reprodução menores, por morrerem antes ou durante a idade reprodutiva) e passar adiante seus genes. Quando grandes mudanças ocorrem, os indivíduos que possuem genes e características mais adequadas ao novo ambiente vão aos poucos aumentando sua participação na população e isso, após diversas gerações, acaba modificando as características da espécie. O que Darwin descobriu é que as características que favorecem os indivíduos mais adaptados ao novo ambiente surgem ao acaso e já estão presentes na população antes da modificação no ambiente ocorrer. Mas é esta última que favorece que elas se tornem mais frequentes na população, o que resulta na evolução da espécie.

Desde dezembro de 2019 o ambiente em que vive nossa espécie se modificou. Um ser vivo cujo habitat era o pulmão de morcegos passou a ser capaz de infectar o pulmão de seres humanos. Esse é um processo típico da seleção natural. Um novo predador capaz de atacar nossa espécie surgiu no planeta. O vírus se propaga rapidamente e agora está espalhado por todo o planeta, colocando pressão sobre nós. Essa pressão não é perigosa para a sobrevivência da espécie, como é nossa pressão sobre os micos-leões-dourados, a onça-pintada, ou centenas de outras espécies que dizimamos sem dó. Mas ela tem o potencial de reduzir nossa população em 2% ou 4% se o *Homo sapiens* não reagir.

Esse novo predador tem o potencial de alterar a evolução do *Homo sapiens*, porque ele não mata de maneira indiscriminada e com a mesma probabilidade todo e qualquer ser humano. Claramente existem pessoas que, quando atacadas pelo coronavírus, por um motivo ainda desconhecido que pode ou não ser genético, quase não apresentam sintomas, ou apresentam sintomas leves, enquanto outras podem morrer. Ele também parece afetar mais os homens que as mulheres, e os adultos mais que as crianças. Além disso, parece ser mais letal para pessoas mais velhas com outras doenças. Todas essas características do novo coronavírus garantem que ele deve alterar sutilmente a frequência dos indivíduos mais atacados (cuja fração na população tende a diminuir ligeiramente) e dos indivíduos resistentes (cuja fração na população tende a aumentar também ligeiramente). Esse processo de seleção natural (em que os mais adaptados ao novo ambiente têm vantagem) vai seguramente levar a mudanças sutis nas características do *Homo sapiens*, as quais serão sentidas ao longo das próximas décadas se não surgir uma vacina, ou uma cura.

Caso uma vacina seja descoberta e usada em larga escala, a pressão exercida pelo coronavírus sobre o *Homo sapiens* deixará de existir, porque indivíduos suscetíveis e resistentes passarão a ter a mesma chance de transmitir às próximas gerações suas características. O lado bom da descoberta dessa vacina é que milhares ou milhões de mortes serão evitadas; o lado ruim é que nossa espécie não evoluirá na direção de se tornar resistente ao vírus. Além disso passaremos a ser dependentes de mais uma tecnologia: a vacina contra o coronavírus.

Vale lembrar que as outras espécies com as quais compartilhamos o planeta Terra, e para as quais somos muito mais letais que o novo coronavírus é para nós, não são capazes de desenvolver uma vacina contra o *Homo sapiens*. Elas estavam e continuam à nossa mercê como hoje estamos à mercê do novo coronavírus.

Imunidade de rebanho por incompetência

9 de maio de 2020

O Brasil tinha 155 939 casos confirmados de covid-19 e 10 627 mortos pela doença.

Muitos perguntam quando a pandemia vai atingir o pico no Brasil. Eu costumava oferecer um palpite, agora digo que o pico ocorrerá quando aproximadamente metade da população brasileira tiver sido infectada pelo coronavírus. Retrucam que hoje, com 100 mil casos, temos 8 mil mortes, será possível que com 100 milhões de casos teremos 8 milhões de mortes? Sim, e se o número total de casos continuar a duplicar a cada semana chegaremos lá em dez semanas, em julho. Saco da calculadora e multiplico 100 mil por dois, dez vezes. A calculadora mostra 102 milhões. Nunca esse pequeno diálogo socrático deixou de fazer efeito. Então mostro a curva do total de casos que tenho à mão. Na verdade, digo, nas últimas semanas o multiplicador correto seria 1,6. Tínhamos 50 mil casos em 22 de abril, 80 mil em 29 de abril e chegamos a 125 mil em 6 de maio. Proponho que as contas sejam refeitas. Refazemos e concordamos que levará cerca de quinze semanas para que metade da população brasileira tenha sido infectada. O pico será em final de agosto, talvez setembro.

Então, com a atenção total de quem perguntou desejando

uma resposta capaz de gerar algum grau de conforto, introduzo a segunda parte do argumento. Digo que esse é o curso natural de uma pandemia causada por um vírus que se espalha com enorme facilidade, e que seria a trajetória da pandemia se fôssemos uma colônia de 200 milhões de ratos incapazes de mudar nosso comportamento. Qualquer outro desfecho depende de nós. Sabemos que o vírus se espalha através do ar quando ficamos próximos a uma pessoa doente, ou através da mão quando tocamos um objeto ou superfície contaminada. Portanto, um desfecho com menos mortes depende de medidas de higiene e da diminuição da interação entre pessoas. Fácil falar, difícil fazer. E o Brasil não está conseguindo fazer. Após um mês e meio da implantação das medidas de distanciamento social, a velocidade de propagação do coronavírus está aumentando em vez de diminuir.

As razões de nosso fracasso são muitas. Somos um país pobre onde a maioria das pessoas precisa ganhar a vida a cada dia e não possui reservas financeiras para simplesmente se trancar em casa por semanas a fio. Grande parte da população vive em locais onde o isolamento social é impraticável pelo simples fato de as pessoas estarem aglomeradas em pequenos cômodos. Além disso, as condições para implementar medidas básicas de higiene não existem. E, por fim, o governo federal se mostrou primeiro incapaz e agora *contrário* a liderar uma resposta da população à pandemia. E, sem saber para onde ir, a população aos poucos volta à normalidade, já conformada com as seiscentas mortes por dia.

Apesar do discurso otimista das autoridades, o colapso do sistema hospitalar é um fato em boa parte do país. No ritmo atual, atingirá todas as capitais nos próximos dias. Pessoas já morrem em casa sem tratamento, cadáveres esperam junto aos leitos de doentes graves ou se empilham em contêineres refrigerados. Nem sequer a notificação dos óbitos funciona a contento, o que dizer do diagnóstico da causa da morte ou a confirmação do diagnóstico. Mais leitos não resolvem nada sem médicos e enfermeiros. E a imprensa, que já não acredita no número oficial de mortes, prefere contar os enterros nas covas coletivas.

Não é possível imaginar que isso vá melhorar nas próximas semanas, pois o que vai acontecer até o final de maio já está determinado pelo comportamento da população hoje. E, nos últimos dias, o que se vê na periferia das grandes cidades é o movimento normal do comércio frequentado por pessoas que foram induzidas a se sentir protegidas por máscaras que nem sequer sabemos se são realmente úteis.

Essa realidade descreve perfeitamente a estratégia que o Brasil escolheu involuntariamente — por incompetência, descaso ou ganância — para lidar com a pandemia. Ela consiste em deixar a população se contaminar rapidamente até atingirmos a chamada imunidade de rebanho, que na sequência levará à diminuição do número de casos e de mortes. Isso ocorrerá assim que começarmos a sentir os efeitos dessa imunidade nos próximos meses. Até lá o caos aumentará. É praticamente inevitável. As mortes devem logo chegar a 2 mil por dia, e a realidade de Manaus será observada em todas as capitais com alta densidade populacional. Esse sempre foi o desejo de Bolsonaro e assim será.

Tudo indica que no Brasil a pandemia seguirá seu curso natural, talvez ligeiramente afetada pelo comportamento da sociedade. Muitos estão tentando evitar esse desfecho, mas esse esforço não está surtindo efeito. É triste, mas é como se o coronavírus estivesse se espalhando em uma colônia densa de 200 milhões de ratos desorientados. Espero estar errado, mas é assim que vejo nosso futuro. A estratégia do Brasil é a imunidade de rebanho por incompetência.

A ciência das máscaras caseiras

12 de maio de 2020

O Brasil tinha 177 589 casos confirmados de covid-19 e 12 400 mortos pela doença.

Antes que sua eficácia fosse cientificamente comprovada, as máscaras caseiras foram adotadas pela população e já se tornaram obrigatórias em algumas cidades. Agora os cientistas começaram a estudá-las. Descobriram que dois fatores são importantes para seu bom funcionamento. Um é o material de que são feitas, outro é a vedação entre a máscara e o rosto.

As famosas máscaras N95 usadas nas UTIs para impedir que os profissionais da saúde sejam contaminados pelo SARS-COV-2 garantem que todo o ar que entra e sai dos pulmões passe por um material filtrante capaz de reter gotas e microgotas (aerossóis) dos líquidos presentes no ar. É nessas partículas que o vírus viaja de uma pessoa para outra. Algumas partículas são relativamente grandes (meio milímetro de diâmetro), outras muito pequenas (dez nanômetros, ou seja 0,00001 milímetro). Para você ter uma ideia, uma partícula do SARS-COV-2 mede 125 nanômetros em diâmetro.

Para que o ar esteja estéril é necessário que o material filtrante retenha essas gotas e microgotas e que elas não escapem por espaços que existem entre a borda da máscara e a pele da face da pessoa. Essa vedação é o que provoca as marcas e as feridas que aparecem nas fotos de enfermeiros que usam essas máscaras por longo tempo.

O que os cientistas fizeram agora foi medir a capacidade filtrante dos vários tipos de tecidos usados na confecção de máscaras caseiras, através de um equipamento relativamente simples. Um cano separa dois compartimentos e o material da máscara é colocado sobre a entrada desse cano como um filtro, restringindo o fluxo de ar entre os compartimentos. Um gerador de gotas e gotículas produz uma mistura de partículas de diversos tamanhos e as injeta no primeiro compartimento. Um ventilador cria uma pressão que força fluxos de 35 e de noventa litros de ar por minuto através dos 59 centímetros quadrados de material testado que cobre a boca do cano. Essa é a variação do volume de ar que passa por nossa boca quando estamos respirando lentamente ou quando estamos ofegantes. Em cada um dos dois compartimentos foram instalados equipamentos que medem a quantidade e o tamanho das gotas e microgotas. Comparando a quantidade e o tamanho das partículas de cada lado do "filtro" (o material testado) é possível calcular a capacidade de retenção das máscaras. Para simular o vazamento de ar pela área de contato da máscara com a pele, pequenos furos foram feitos no tubo, de modo que o ar pudesse passar sem obrigatoriamente atravessar o tecido. Esses buracos correspondiam de 0,5% a 2% da área do tecido, o equivalente à fresta que existe entre a máscara e a face das pessoas.

Construído o equipamento, os cientistas testaram quinze diferentes tipos de tecido. Também mediram a capacidade de filtragem com diversas camadas dos tecidos e com combinações de tecidos. E, para cada um desses materiais, foi medida a filtragem com os tais buracos abertos e fechados.

Os resultados estão cuidadosamente organizados em longas

tabelas e gráficos no artigo que registra o experimento e no seu apêndice.* Vou descrever alguns dos resultados que podem interessar aos fabricantes caseiros de máscaras. O tecido que melhor segura todos os tamanhos de gotas e gotículas é o algodão, mas ele precisa ter uma trama de seiscentos fios por polegada, ou seja, tem que ter uma trama bem fechada. O algodão de oitenta fios por polegada é praticamente permeável a todos os tamanhos de partículas. A melhor filtragem, até melhor que a obtida com uma máscara profissional N95, é obtida quando se usa uma camada de seda natural e uma camada de algodão. Do ponto de vista prático (a seda natural é caríssima), duas camadas de tecido de algodão de seiscentos fios por polegada têm aproximadamente a mesma capacidade de retenção do material usado nas máscaras N95.

Até aqui a notícia é ótima, pois existem materiais facilmente disponíveis que filtram tão bem quanto o material usado nas N95. A má notícia se relaciona ao problema dos buracos ou fendas entre a pele e a máscara. A N95 foi testada no cano com os buracos (o que equivale ao espaço entre a máscara e a face), e nessas condições a retenção das partículas cai violentamente. Sem os espaços/buracos ela retém quase 100% das partículas de todos os tamanhos, mas com eles essa retenção cai para 40%. Ou seja, 60% das partículas não são retidas. Essa queda é ainda mais acentuada nas máscaras feitas com tecido, que perdem até 70% da capacidade de retenção quando existem frestas entre a pele e a máscara. Não é à toa que os enfermeiros usam máscaras com bordas que pressionam a pele e até causam feridas.

A conclusão desse trabalho é que as máscaras caseiras podem reter as gotículas presentes no ar de maneira semelhante às más-

* Abhiteja Konda et al., "Aerosol Filtration Efficiency of Common Fabrics Used in Respiratory Cloth Masks". *ACSNano*, v. 14, n. 5, pp. 6339-47, 2020. Disponível em: <https://dx.doi.org/10.1021/acsnano.0c03252>. Acesso em: 5 jun. 2020.

caras profissionais, contanto que sejam produzidas usando o tecido correto. Mas tanto as máscaras profissionais quanto as caseiras perdem grande parte de sua eficácia devido ao contato falho entre a máscara e o rosto. Por fim, é bom lembrar que nesses testes não foi medida diretamente a capacidade das máscaras de diminuir a contaminação, mas somente a de reter as gotículas que podem levar o vírus de uma pessoa para outra.

O trabalho sugere que, para termos máscaras eficazes feitas em casa, são necessários dois cuidados. Um é a escolha adequada do tecido ou combinação de tecidos, o outro é melhorar o encaixe das máscaras na face de quem usa. Como temos no Brasil costureiras capazes de fazer roupas que se moldam perfeitamente às curvas naturais do ser humano, me parece que essa habilidade poderia ser posta a bom uso aperfeiçoando o desenho de nossas máscaras. Esse é um trabalho científico que tem o potencial de influenciar a moda feminina e masculina nos próximos meses.

5,2% de infectados é um número grande ou pequeno?

18 de maio de 2020
O Brasil tinha 254 220 casos confirmados de covid-19 e 16 792 mortos pela doença.

A real porcentagem de pessoas já infectadas pelo novo coronavírus começou a ser medida no Brasil.* No estado do Rio Grande do Sul esse número é de 0,22% da população, na cidade de Ribeirão Preto é 1,2% e nas áreas mais afetadas da cidade de São Paulo, 5,2%. Essa semana vai ser divulgado um estudo que cobre todo o Brasil. À medida que esse número for subindo, as mortes aumentam, porém fica mais seguro relaxar as medidas de distanciamento. Só por esse motivo vale a pena entender como a famosa imunidade de rebanho funciona durante uma pandemia.

Imagine um país com 100 milhões de habitantes no qual 99 milhões (99%) já foram infectados pelo coronavírus e possuem algum tipo de imunidade. Imagine agora que alguém infectado chegue ao país e comece a espalhar o vírus. No aeroporto ele vai ficar próximo de umas dez pessoas, mas provavelmente todas já

* M. Gabriela M. Gomes et al., "Individual Variation in Susceptibility or Exposure to SARS-COV-2 Lowers the Herd Immunity Threshold". Disponível em: <https://doi.org/10.1101/2020.04.27.20081893>. Acesso em: 5 jun. 2020.

são resistentes, no hotel acontece a mesma coisa e assim por diante. Como esse infectado transmite o vírus por somente uma ou duas semanas e vai passar parte desse tempo de cama, é bem provável que não espirre perto de ninguém do 1 milhão de indivíduos (1%) que ainda não foram contaminados e vai se curar sem ter contaminado ninguém mais. Nessas condições os epidemiologistas dizem que aquele 1 milhão de pessoas suscetíveis, que ainda podem pegar o vírus, estão protegidas do contágio pelas 99% que já foram infectadas. Essa proteção é o que chamamos de imunidade de rebanho. Agora imagine o contrário: nesse país imaginário somente 1% das pessoas já foram infectadas, as outras 99% estão à mercê do vírus. É possível que nosso viajante hipotético contamine duas ou três pessoas na sua estadia e inicie um novo foco de infecções.

Examinando esse exemplo fica claro que cada pessoa já infectada gera uma pequena proteção para todas as outras, mas é minúscula. Assim, à medida que mais pessoas são contaminadas, e se tornam resistentes, maior a proteção total para a população (o rebanho). Mas qual é a porcentagem das pessoas que precisam ser infectadas para que essa proteção tenha um efeito relevante? Esse número depende da capacidade de propagação do vírus. Se ele se espalha facilmente, esse efeito só vai ser sentido quando uma grande parte da população já tiver sido infectada. Por outro lado, se o vírus se espalha com dificuldade, a proteção é observada com uma fração menor da população tendo sido contaminada.

A facilidade com que um vírus se espalha é medida por um índice chamado R_0 (o número de pessoas infectadas por alguém que foi infectado logo no início da epidemia, antes da implantação das medidas de controle). A fórmula para calcular a fração da população que precisa ser resistente para observarmos um efeito relevante é a seguinte: $IR = 1 - (1/R_0)$. No caso do novo coronavírus, acredita-se que R_0 está entre 2,5 e 3,5, portanto a porcentagem das pessoas que precisam ser infectadas para observarmos um efeito pronunciado da imunidade de rebanho está entre 60% e 71%. Essa conta é válida para populações homogêneas, em que todos os indivíduos são idênticos e têm a mesma capacidade de transmissão do vírus, ou a mesma susceptibilidade à doença. Mas já foi demonstrado que essa porcentagem pode ser significativamente menor se a heterogeneidade da população é alta. Nós sabemos que a população não é igualmente suscetível ao vírus (veja o que acontece com crianças e idosos, ou a diferença entre homens e mulheres), mas não sabemos o grau de heterogeneidade da população. Assim, é quase certeza que a imunidade de rebanho para o novo coronavírus será atingida antes de 60% ou 70% da população ser infectada, mas ainda são necessários estudos que determinem a heterogeneidade da população para que possamos calcular esse novo percentual.

A porcentagem mais alta de pessoas infectadas no Brasil até agora foi de 5,2%, nos seis distritos de São Paulo que possuem mais casos e óbitos da doença. Isso quer dizer que, nessa área, faltam ainda 55 pontos percentuais para termos 60% da população infectada. Mas é bom lembrar que dados da prefeitura mostram que o número de casos aumentou 1,88 vez nos últimos quinze dias (passou de 20 464 em 3 de maio para 38 605 em 17 de maio). E isso durante a vigência das medidas de isolamento social. Se a epidemia continuar a progredir nessa velocidade, teremos 9,7% da população infectada em mais quinze dias, 18,3% em trinta dias e 65% em exatos dois meses. Ou seja, se tudo continuar como está, chegaremos à imunidade de rebanho em dois meses. Mas, claro, se a epidemia continuar a progredir nessa velocidade o número de mortes será enorme e seguramente, muito antes de dois meses, o sistema de saúde estará completamente de joelhos. O interessante é fazer essa mesma conta com os números do Rio Grande do Sul, que tem hoje 0,22% da população infectada: em dois meses, se os números forem multiplicados por 1,88 a cada duas semanas, o Rio Grande do Sul estará em 2,75%. Isso mostra como um crescimento em progressão geométrica engana: o Rio Grande do Sul só atingirá os números que São Paulo tem hoje aproximadamente duas semanas depois de São Paulo atingir 65%.

O que esses resultados mostram, então, é que 5,2% de pessoas infectadas em uma epidemia que se alastra a uma taxa de 1,88 vez a cada duas semanas é um número extremamente alto.

O tamanho do rebanho

23 de maio de 2020

O Brasil tinha 347 398 casos confirmados de covid-19 e 22 013 mortos pela doença.

É fato que a infecção pelo SARS-COV-2 (o vírus) tem efeitos distintos em diferentes pessoas. Enquanto algumas rapidamente desenvolvem manifestações graves de covid-19 (a doença), precisam ser internadas e demoram para se recuperar, a maioria tem casos mais leves que podem ser tratados em casa. Além disso, sabemos que existem pessoas que nem sequer apresentam sintomas. O que ainda não se sabe é se existem indivíduos que são resistentes e nem chegam a ser infectados. Como o vírus é novo entre os seres humanos, os cientistas têm trabalhado com a hipótese mais provável de que todas as pessoas são vítimas potenciais e estão sujeitas a serem infectadas. Mas, como existem vírus da família SARS-COV-2 que causam o resfriado comum e outras doenças entre nós, não é impossível imaginar que a infecção por esses vírus tenha tornado algumas pessoas imunes ao novo coronavírus.

Essa informação é importante. Caso exista uma população de todo resistente, os números potenciais de infectados e de mortes durante a pandemia podem ser menores, e a ajuda do fenômeno de imunidade de rebanho pode vir mais cedo. Lembre que ao atingirmos a imunidade de rebanho (o que demanda que, estima-se, 60% a 70% da população já tenha sido infectada) o vírus deixa de se espalhar, mas os efeitos desse fenômeno começam a ocorrer muito antes, diminuindo a velocidade de propagação. Mas como descobrir se existe uma fração da população resistente ao vírus antes que ela tenha tido contato com ele?

A maneira mais simples seria selecionar ao acaso um número significativo de pessoas, inocular todas com o vírus e observar se todas se infectam. O problema desse experimento é que ele é eticamente inaceitável e nunca será feito. Outra maneira é observar o desfecho da pandemia em uma população que não pratica o isolamento social nem adota qualquer medida de proteção. Embora a população de alguns países ou mesmo de regiões pobres em cidades com alta densidade populacional se encontre praticamente nessa condição, a observação necessária só será possível no final da pandemia e não será útil para prevermos quando ela acabará ou atingirá o pico.

Assim, a terceira maneira é estudarmos os chamados experimentos naturais, situações naturais em que uma população restrita recebe uma alta dose do vírus. O Center for Disease Control (CDC) dos Estados Unidos recentemente estudou um caso desses.* Em 10 de março, 61 pessoas de um coro de uma pequena igreja em uma cidade americana se reuniram para ensaiar. Durante duas horas e meia elas cantaram juntas, lado a lado, espalhando perdigotos. Comeram um lanche, confraternizaram e voltaram a cantar. O que eles não sabiam é que um deles estava

* Lea Hamner et al., "High SARS-COV-2 Attack Rate Following Exposure at a Choir Practice — Skagit County, Washington, March 2020". *Morbidity and Mortality Weekly Report*, v. 69, n. 19, pp. 606-10, 15 maio 2020. Disponível em: <http://dx.doi.org/10.15585/mmwr.mm6919e6>. Acesso em: 5 jun. 2020.

com sintomas de gripe e que, na verdade, era covid-19. Na semana seguinte 53 membros do coro (87%) ficaram doentes, três foram hospitalizados e dois morreram. Esse é um dos casos em que uma única pessoa doente infecta dezenas de outras durante um único evento. Esse fenômeno já é bem conhecido. Estudos feitos na China mostram que 10% das pessoas infectadas são responsáveis por infectar 80% dos novos casos. Essa infecção em massa em um único evento pode ser vista de duas maneiras. Podemos, com razão, ficar impressionados com o fato de uma fração tão grande das pessoas ter sido infectada, ou podemos nos perguntar por que nem todas o foram. Será que entre elas estariam pessoas resistentes?

Estudos como esses só são informativos quando todas as pessoas presentes foram infectadas. Quando nem todos foram infectados, como no caso do coro americano, a explicação mais simples é que todos são suscetíveis, mas nem todos foram infectados.

O fato é que até hoje não existem evidências de que haja pessoas resistentes ao SARS-COV-2, mas tampouco temos certeza de que essas pessoas não existam. Confesso que gostaria que elas existissem. Se assim for, o tamanho do rebanho a ser imunizado pelo vírus ou pela vacina é menor, e a pandemia durará menos e será menos letal.

Carta a um prefeito

27 de maio de 2020
O Brasil tinha 411 821 casos confirmados de covid-19 e 25 598 mortos pela doença.

A cidade de Breves, na Ilha de Marajó, é proporcionalmente a localidade com mais casos do novo coronavírus no mundo. Incríveis 25% dos 100 mil habitantes já foram infectados. É isso que indica o resultado do primeiro inquérito sorológico feito em todo o Brasil. E, se Breves pode chegar a 25% de contaminados, nada impede que centenas de outras cidades, grandes ou pequenas, cheguem a esse nível de contágio. Em São Paulo aproximadamente 3% da população já foi infectada, chegando a 5% em algumas regiões da cidade. Imagine o que vai custar ao Brasil como um todo o aumento do percentual atual de 1,3% (calculado pelo mesmo estudo) para 25%. São praticamente vinte vezes mais casos e mais mortes do que ocorreu até agora.

Estamos caminhando nessa direção a passos largos. Hoje somos o país em que a pandemia cresce mais rápido no planeta. Temos o maior número de novos casos e mortes por dia, com uma epidemia fora de controle. Nossa taxa de propagação (o famoso R) deve estar entre 1,1 e 1,3, o que implica um aumento de 10% a 30% nos casos a cada semana. Superamos todos os países e já somos o segundo em número de casos totais (por volta de 390 mil casos oficiais), atrás apenas dos Estados Unidos. Nossas 24 mil mortes só são superadas por países que já controlaram a pandemia, como a Itália, a Inglaterra e a França. Mesmo os Estados Unidos têm tido menos mortes por dia que o Brasil. E grande parte da culpa é de um deputado do baixo clero que chegou à presidência eleito pelo povo. Nosso presidente parece desejar sua propagação: combate o isolamento social, força ministros a seguir seus palpites no que toca ao tratamento da doença e garante a manutenção da confusão entre a população usando sua visibilidade nos meios de comunicação. Nesse ritmo o Brasil será uma grande Breves em poucos meses. Sem uma coordenação federal, resta a cada governador e prefeito tentar fazer o que pode para conter o avanço do vírus.

Nas últimas semanas este colunista, um cientista aposentado, sem formação médica, interessado em epidemiologia, tem recebido e-mails de diversos prefeitos de pequenas cidades perguntando o que devem fazer. Normalmente respondo que devem seguir as orientações dos epidemiologistas, médicos e cientistas de seu estado. Muitos ficam frustrados. Mas hoje pela manhã resolvi responder sinceramente a um desses prefeitos que está com seu hospital colapsado pela chegada constante de novos casos. Então pensei que talvez valha a pena publicar minha resposta. Aliás não é minha, é a receita usada com pequenas variações pelos países que controlaram suas epidemias e estão abrindo suas economias.

Sr. prefeito, a primeira medida quando o sistema de saúde beira o colapso é decretar um lockdown *rigoroso por duas ou três semanas (não essas medidas parciais de distanciamento que não têm eficácia suficiente para aliviar os hospitais, como está acontecendo em São Paulo). Em nenhum lugar do mundo essa medida rigorosa deixou de diminuir radicalmente o número de casos graves em três semanas.*

Durante essas três semanas, sr. prefeito, o senhor deve organizar um sistema de testagem com as seguintes características. Todas as pessoas com qualquer tipo de sintoma devem ser identificadas, isoladas em casa e testadas quatro dias após o início dos sintomas (se for usar PCR*) ou dez dias (se for usar testes sorológicos de alta qualidade). Todos os contatos dessas pessoas também devem ser isolados. E, se apresentarem sintomas na primeira semana, também devem ser isolados e testados. E assim por diante. Essa metodologia de isolar e testar só é possível de ser implementada se o número de novos casos por dia for pequeno, daí a importância do* lockdown *rigoroso, para diminuir a quantidade de casos numa primeira fase.*

Mas como saber se a quantidade de testes está sendo suficiente para detectar uma fração significante dos novos casos? Aí tem uma regrinha simples que independe do tamanho do município: o senhor tem que aumentar gradativamente o número de testes de pessoas com sintomas até que somente 5% dos testes sejam positivos. Se mais de 5% forem positivos, provavelmente o senhor não está conseguindo detectar um número significante das novas infecções e não vai conseguir controlar a reabertura. Daí novamente a importância do lockdown *inicial. Se ele não baixar violentamente a quantidade de casos, esqueça, não haverá testes suficientes para implantar esse programa. Com esse sistema sua prefeitura vai poder estimar a quantidade de novos casos a cada dia, o que é uma maneira simplificada de medir a taxa de espalhamento do vírus. Os números diários devem ser tratados como uma média móvel de cinco dias e acompanhados diariamente.*

Pronto, com isso organizado, o senhor pode começar a abrir sua cidade lentamente, sempre acompanhando essa média móvel e sempre garantindo que não mais de 5% dos testes sejam positivos (e para isso a quantidade de testes aplicados todos os dias tem que ser ajustada semanalmente conforme o número de casos detectados na semana anterior). Ao abrir uma atividade, o senhor pode talvez observar que a média móvel está subindo, aí o senhor deve reduzir a abertura, ou tentar abrir outra atividade, fechando a primeira. O que abrir ou manter fechado ainda é uma questão de tentativa e erro ditada pelo valor dessa média móvel e da quantidade de leitos livres nos hospitais. Mas em alguns meses vamos saber como a abertura de cada setor afeta o aparecimento de novos casos.

Medir a cada um ou dois meses a soroprevalência (usando um método semelhante ao usado no inquérito nacional) também ajuda a saber como caminha a prevalência na sua cidade. Se seu programa for um sucesso, a prevalência deve aumentar muito lentamente, a ocupação de leitos deve continuar baixa e a economia será lentamente restabelecida.

O prefeito agradeceu dizendo que não tinha ideia de que poderia ser tão simples. Essa receita é fácil de entender e relativamente fácil de aplicar em pequenas cidades. Tem a vantagem de poder ser administrada localmente. Aí basta seguir com esse sistema até a vacina chegar. A outra opção é deixar a população se contaminar livremente e as mortes saírem de controle, e esperar que a doença se vá quando 60% a 70% da população já tiver contraído o vírus e 0,5% a 1% da população tiver falecido.

São Paulo está brincando com fogo

30 de maio de 2020
O Brasil tinha 498 440 casos confirmados de covid-19
e 28 834 mortos pela doença.

O governo de São Paulo anunciou um programa de relaxamento das medidas de distanciamento social. A quarentena ficou insuportável porque foi longa demais, mas não foi rígida o suficiente para controlar a pandemia. O resultado é que nos encontramos no pior dos mundos: incapazes de reduzir o espalhamento do vírus e sem condições para implantar o *lockdown*, que seria a medida correta. E assim nasceu um plano de relaxamento arriscado, para não dizer irresponsável. E o pior: teve o suporte de médicos e epidemiologistas. A pandemia vai aumentar de intensidade com essas medidas, só não sabemos quanto. Torço para que o plano dê certo, mas temo que estejamos colocando em risco um grande número de vidas. De qualquer modo, vale a pena entender por que esse plano é tão arriscado.

Todos os dias somos bombardeados com uma enxurrada de números sobre a pandemia: quantos novos casos foram registrados, quantas mortes ocorreram, qual a fração dos leitos de UTI ocupada; e isso para cada cidade e estado. Essa avalanche de dados cria a sensação de que sabemos o que está acontecendo com a pandemia naquele dia, mas essa impressão é totalmente falsa.

Todos esses dados refletem o que aconteceu três ou quatro semanas antes. Durante o espalhamento do vírus, um grande número de pessoas pode ser infectado em poucos dias. Dessas, quase 90% passam despercebidas, pois não apresentam muitos sintomas e continuam a transmitir o vírus. Semanas depois uma fração pequena desse grupo tem o caso agravado e procura o sistema de saúde. A recomendação é que voltem para casa e retornem caso os sintomas se agravem. Dias depois uma fração dessas pessoas volta com sintomas graves e é internada. Somente esses casos são testados, e dois ou três dias depois eles aparecem nas estatísticas. Isso ocorre aproximadamente duas semanas após a infecção. Parte dessas pessoas morre uma ou duas semanas depois de internada, e então aparecem nas estatísticas de mortos.

Ou seja, os casos e mortes anunciados hoje são de pessoas que se infectaram faz quase um mês. Com os dados do dia estamos totalmente no escuro sobre o que está acontecendo no presente. Imagine que hoje o vírus tenha chegado com força total em uma comunidade qualquer; ele vai se propagar despercebido por algumas semanas até atingir o sistema de saúde. É por isso que na Itália, na Espanha, na Inglaterra e em Manaus em duas ou três semanas a situação passou da calmaria total a um caos inimaginável. Para abrir a economia é preciso ter alguma clareza sobre o que está acontecendo no presente. Essa é a realidade, e todos os países que já estão abrindo suas economias incorporaram esse fato nas suas políticas.

Os modelos epidemiológicos tampouco resolvem esse problema. Eles se baseiam nos dados sobre o passado que obtemos no presente (novos casos e novas mortes) e são capazes de prever o que vai acontecer no futuro próximo caso nada tenha mudado nas últimas três semanas. Mas mesmo os melhores, como os do Imperial College de Londres, não são capazes de nos dizer se o vírus está se espalhando hoje em uma grande favela e vai sobrecarregar o sistema da região nas próximas semanas. Mostrem-me um modelo que aponte com três semanas de antecedência qual cidade em São Paulo será a nova Manaus e eu, com o maior prazer, mudo de ideia.

Essa janela de tempo em que o vírus se propaga incógnito precisa deixar de existir, se o governo deseja controlar surtos localizados ou pequenas epidemias antes que elas se tornem imensos incêndios. E a única maneira conhecida de obter essa informação é um programa de testagem semelhante ao implantado na China e na Europa.

O fato é que nenhum país utiliza somente dados de casos hospitalizados, mortes registradas e modelos epidemiológicos para guiar a abertura da economia. Todos implementaram um programa robusto de testes capaz de informar ao governo em tempo real como o vírus está se espalhando. Aí esses dados, juntamente com os números de novas mortes, novos casos e ocupação hospitalar são usados para detectar novos focos e estancá-los. É assim que está sendo feito em todo o mundo. Nosso plano de abertura é arriscado e seus resultados são imprevisíveis exatamente porque não dispomos desse tipo de informação.

Nos últimos meses o governo foi muito eficiente em aumentar a quantidade de leitos de UTI e respiradores, mas desprezou totalmente a organização de um sistema de testagem que permitisse uma abertura segura da economia. Nosso plano é o único no mundo que não é capaz de detectar novos surtos antes que eles lotem os hospitais. Isso não quer dizer que não possa funcionar. Afinal, Deus é brasileiro e as jabuticabas só crescem por aqui... Mas que estamos brincando com fogo, isso estamos. A covid-19 já mostrou o estrago que pode fazer em países desenvolvidos, e agora estamos descobrindo sua força em uma nação mal organizada em meio a uma crise política. O coronavírus mal desembarcou no Brasil, e o relaxamento em São Paulo marca o fim do primeiro capítulo de sua história no país.

1ª EDIÇÃO [2020]
ESTA OBRA FOI COMPOSTA EM MINION PELO ESTÚDIO O.L.M./ FLAVIO PERALTA E IMPRESSA PELA UMLIVRO EM PROCESSO DE IMPRESSÃO SOB DEMANDA SOBRE PAPEL PÓLEN SOFT DA SUZANO S.A. PARA A EDITORA SCHWARCZ A PARTIR DE JULHO DE 2020

FSC
www.fsc.org
MISTO
Papel produzido a partir de fontes responsáveis
FSC® C128038

A marca FSC® é a garantia de que a madeira utilizada na fabricação do papel deste livro provém de florestas que foram gerenciadas de maneira ambientalmente correta, socialmente justa e economicamente viável, além de outras fontes de origem controlada.